复 Hilbert 空间上若干矩阵不等式及其应用

曹海松　邹黎敏　著

電子工業出版社
Publishing House of Electronics Industry
北京 · BEIJING

内 容 简 介

本书可以让读者了解和掌握复 Hilbert 空间上若干矩阵不等式及其应用进展，以及其他一些经典算子不等式及其应用，旨在丰富算子或矩阵不等式的结果、推动相关技术（如鲁棒控制中线性矩阵不等式处理方法）的发展。

本书可供高等学校数学、力学、水文学等交叉学科专业高年级及研究生阅读，还可以作为从事该方面研究以及交叉学科研究的教师及相关研究工作者教学和科研的参考书。

图书在版编目(CIP)数据

复 Hilbert 空间上若干矩阵不等式及其应用 / 曹海松，邹黎敏著. —北京：电子工业出版社，2021.10
ISBN 978-7-121-42178-5

Ⅰ. ①复… Ⅱ. ①曹… ②邹… Ⅲ. ①矩阵－不等式 Ⅳ. ①O151.21

中国版本图书馆 CIP 数据核字（2021）第 204017 号

责任编辑：窦　昊
印　　刷：北京虎彩文化传播有限公司
装　　订：北京虎彩文化传播有限公司
出版发行：电子工业出版社
　　　　　北京市海淀区万寿路 173 信箱　　邮编：100036
开　　本：787×980　1/16　印张：11　字数：174 千字
版　　次：2021 年 10 月第 1 版
印　　次：2021 年 10 月第 1 次印刷
定　　价：99.00 元

凡所购买电子工业出版社图书有缺损问题，请向购买书店调换。若书店售缺，请与本社发行部联系，联系及邮购电话：(010)88254888，88258888。

质量投诉请发邮件至 zlts@phei.com.cn，盗版侵权举报请发邮件至 dbqq@phei.com.cn。

本书咨询联系方式：（010）88254466，douhao@phei.com.cn。

前　言

矩阵理论是目前一个活跃而广阔的研究领域。矩阵不等式是矩阵理论中一个非常具有吸引力的研究方向，在国内外的研究极为活跃。随着科技的飞速发展，现有的矩阵不等式结果并不能完全满足越来越多的实际需求，同时，矩阵不等式这个专题本身也有许多待解决的问题，如 Sloane-Harwit 猜想、Zhan 猜想、Lee 猜想，故有必要对矩阵不等式做进一步的研究。

本书旨在展示一系列普遍适用的、优美的、精确的不等式，进而丰富算子或矩阵不等式的结果，推动相关技术（如鲁棒控制中线性矩阵不等式处理方法）的发展。本书在已有结果的基础上，对算子 Löwner 偏序与矩阵奇异值不等式以及其他经典算子不等式及应用进行研究。结合近些年来的相关结果，在 Ando、Bhatia、Furuta、Kittaneh、Pečarić、詹兴致等人的研究基础上，对算子 Bohr 型不等式、算子 Dunkl-Williams 型不等式、Tsallis 相对算子熵、奇异值几何-算术平均值不等式、奇异值 Heinz 不等式、酉不变范数几何-算术平均值不等式、酉不变范数 Heinz 不等式、酉不变范数 Young 型不等式、Hermite-Hadamard 积分算子不等式、Samuelson 型算子不等式等进行了研究。本书的主要工作结构安排，首先介绍算子 Löwner 偏序与矩阵奇异值不等式以及其他经典算子不等式及其应用。第 1 章，给出一些基本概念和我们做这方面研究的动机。第 2 章，在 Löwner 偏序这个专题中，非常重要的结果是 Löwner-Heinz 不等式和 Furuta 不等式。在这章中，我们对相对简单一些的算子 Bohr 型不等式进行了讨论，得到几个结果，作为算子 Bohr 型不等式的应用，我们给出算子 Dunkl-Williams 型不等式；同时，我们也对 Tsallis 相对算子熵进行讨论，改进或推广了现有的结果；作为第 2 章的结束，通过利用泰勒中值定理和 Bhatia 的一个结果，我们改进了标量几何-算术平均值不等式，并给出所得结果在算子不等式中的一个应用。第 3 章，首先展示推广了奇异值几何-算术平均值不等式，利用所得结果和矩阵的奇异值分解，给出酉不变范数几何-算术平均值不等式的一个新的证明；同时，我们还讨论了奇异值 Heinz 不等式，最后讨论了 Zhan 猜想。第 4 章，利用标量不等式、奇异值的极值原理以及 Horn 不等式，得到几个关于奇异值弱对数受控的结果。

第 5 章，利用矩阵的谱分解，讨论酉不变范数几何-算术平均值不等式、酉不变范数 Heinz 不等式、酉不变范数 Young 型不等式，所得结果是同行前期结果的改进或推广；在这章的末尾，我们给出 Bhatia 和 Kittaneh 在 1998 年得到的一个结果的几种不同推广。第 6 章，我们对其他经典算子不等式诸如 Hermite-Hadamard 积分算子不等式、Samuelson 型算子不等式及其应用进行研究，并得到一些有趣的结论。第 7 章，对所得的结果进行总结，并对相关问题进行讨论。

由于矩阵理论的研究内容十分丰富，和其他许多学科（如流体力学、计算数学、统计学以及生物和化学等交叉学科）有着紧密的联系，各种研究方法、研究技巧不断涌现。限于作者的水平和能力，书中难免存在诸多不妥，敬请读者给予批评和指正。

最后，作者衷心感谢申建伟教授、伍俊良教授等学术界前辈对本书的关心和帮助，感谢华北水利水电大学数学与统计学院各方面的支持。

曹海松

2021 年夏于郑州

目　录

概　论

矩阵（算子）理论是目前一个活跃而广阔的研究领域. 矩阵（算子）不等式是矩阵（算子）理论中一个非常具有吸引力的研究方向，一直以来，在国内外的研究极为活跃.

20 世纪初，Voltera 首次提出并创立了算子理论. 作为泛函分析理论的重要组成部分，算子理论受到了大量学者的青睐. 在理论方面，越来越多的复 Hilbert 空间上的有界线性算子的分析的、代数的、几何的以及谱的、紧的性质不断展示出来，带动了诸如量子信息、微积分方程等理论的发展. 自 20 世纪 60 年代以来，随着信息技术及相关交叉学科的飞速发展，算子理论本身也迎来了革新，得到很大的提升；同时，在实际应用方面，它不仅与矩阵理论、优化理论以及图论等众多数学学科密切相关，而且在工程管理、量子信息、物理学、动力系统等交叉应用学科中有着十分重要的实际应用. 算子理论自身的快速发展以及在众多交叉学科中的广泛应用，逐渐形成一个具有严密逻辑性的独立的学科体系，从而成为众多学者研究的一个热门领域.

随着算子理论的不断发展，不等式理论及其应用的研究也逐渐地渗透进来，并逐渐成为算子理论研究的一个重要研究领域，不仅提供了一个非常新颖又吸引人的研究方向，而且丰富了算子理论及相关交叉学科的研究内容. 著名数学家 G. H. Hardy 在伦敦数学会主席任期届满的告别辞中，以及著名数学家 D. S. Mitrinovic 在其名著“*Analytic Inequalities*”的序言中都引述到：“所有的分析学家要花费一半的时间通过文献查找他们想要用而又不能证明的不等式”（All analysts spend half their time hunting through the literature for inequalities which they want to use and can not prove）[1].

不等式理论在数学以及很多交叉学科理论及其应用中起着非常重要的作用，甚至有时候一门数学理论或者一些应用学科都需要一个不同寻常的不等式来诠释和解决. 众所周知，数学分析中极限的定义是通过邻域内的不等式给出的;数学理论中很多度量的定义和性质与三角不等式不可或缺；1900 年产生的关于积分方程的 Fredholm 理论的基础和基本工具，是 1893 年建立的与行列式有关的 Hadamard 不等式; 1930 年，由 Hardy 和 Littlewood 构建的最大泛函不等式（maximal functional inequality）和同时期证明得到的 Marcinkiewicz 弱型不等式，是奇异积分中的泛函分析理论及 1950 年发表的 Calderone-Zygmund 理论的奠基石；Stein 的著作“*Singular Integrals and Differentiability Properties of Functions*”几乎整个都建立在不等式的基础之上. 在偏微分方程的现代理论及其应用的研究上，通常是选择恰当的空间来做分析问题的，而嵌入理论和 Soblev 型不等式正是处理这类问题的工具与技巧. 事实上，“Riemann 假设”就是关于一个算子的最小奇异值的不等式的表示；“Van der Waarden 猜想”是一个有关置换的不等式. 1850 年，Tchebycheff 证明得到了一个不等式，这对后来数论中关于素数的分布理论起到非常重要的贡献[2]. 同时，不等式理论在很多应用学科的实际应用中举足轻重，不可或缺. 概率论中很多的理论及其应用都与 Chebycheff 不等式密不可分; 积分方程理论中的应用与 Hilbert 双重级数不等式几乎是如影随形；奇异积分理论中常常会涉及 Hardy 不等式. 在处理微分方程理论中的很多相关问题时，Opial 不等式、Landau 不等式和 Gronwall 不等式是比较常用的工具. Steffensen 不等式是估计积分中值定理的某些形式中的常数的有效工具，等等[2].

无独有偶，作为工具，矩阵（算子）不等式越来越多地被应用到统计学、控制论、量子信息等领域中，如在时间域中研究参数不确定系统的鲁棒分析. 鲁棒分析早期的一种主要处理方法是 Riccati 方程方法，但是，这种方法存在较多的不足. 在控制论中，许多控制问题都可以转化为一个线性矩阵不等式系统的可行性问题，或者是一个具有线性矩阵不等式约束的凸优化问题. 线性矩阵不等式处理方法可以克服 Riccati 方程处理方法中存在的许多不足，但求解一个具有线性矩阵不等式约束的凸优化问题也是比较困难的. 20 世纪 90 年代初，随着求解凸优化问题的内点法的提出，线性矩阵不等式处理方法再一次受到控制界的关注，并被应用到系统和控制的各个领域中. 1995 年，MATLAB 推出了求解线性矩阵不等式问题的 LMI 工具箱，使得人们能够更加方便和有效地处理、求解线性矩阵不等式系统，这进一步推动了线性矩阵（算子）不等式方法在系统和控制领域中的应用.

矩阵理论在复杂网络理论的系统性研究中起着重要的作用. 对于一个复杂网络，如果不考虑其动态特征，每个网络节点视为一个点，节点间的连接关系视为边，则复杂网络就是一个图. 与网络对应的图包含了网络的全部结构特征，如平均距离、度分布、介数、聚类系数等，并且小世界、无尺度等众所周知的网络统计特征也包含在图中. 深入研究图的特征，包括与之相应的拉普拉斯矩阵特征值，以及子图与补图的特征等，对于复杂网络建模，以及理解复杂网络动态行为有重要意义.

20 世纪 60 年代，Erdös 与 Rényi[3]建立的随机图论开创了基于图论的复杂网络理论的系统性研究，但复杂网络仍然没有得到大规模的发展，直到小世界和无尺度性质的发现，并且与动力学相结合，复杂网络才得到前所未有的空前发展. 复杂网络动态行为，特别是同步行为与相应图的拉普拉斯矩阵特征值密切相关，而在图论中，基于图的拉普拉斯矩阵的代数图论已经有很多年的发展历史，应用于研究复杂网络同步问题已经出现很多有意义的成果. 与传统的随机图理论分析不同的是，复杂网络上的谱分析并不是直接分析图内某些特定的拓扑结构，而是通过分析与图有密切联系的矩阵，例如，图的邻接矩阵或拉普拉斯矩阵，达到分析或应用的目的. 复杂网络的谱分析在很多领域都有广泛的应用，如近些年应用比较广的图内聚类问题（又称为社团侦查问题）. Newman[4, 5]发明了一种聚类二分法：用网络对应的模块矩阵（modularity matrix）的最大特征根所对应的特征向量的正负性来判断点的归属. Leskovec[6]提出了利用网络对应的 motif 矩阵的最大特征根的特征向量解决图的聚类问题，该方法应用的广泛性（无向网络、有向网络、权重网络等）和谱方法特有的高效性（亿级规模的大型网络仅需要几小时），说明了利用谱方法分析复杂网络是未来计算机科学领域和网络科学领域的必然趋势.

2010 年，Nakao 等人在总结了无向网络特征的基础上，说明了拉普拉斯矩阵特征值及特征向量与图灵失稳的关系，为无向网络的研究提供了理论方法[7]. 然后，Liao 等人研究了由兴奋节点组成的复杂网络斑图动力学，阐述了网络内中心节点和驱动节点的重要性，并进一步说明了拓扑结构对网络动力学的影响[8]. 学者在以上研究基础上，开始探索网络拓扑对斑图的调制作用以及相互之间的决定关系[9-10].

以上关于复杂网络方面的研究工作都表明，复杂反应扩散网络特性的研究，归根到底就是相关矩阵性质的研究，但有一个问题值得我们思考：对于高维或无限维问题，往往难以获取涉及矩阵的具体的数值特征量. 例如，涉及高阶微分方程（组）对应的矩阵特征值、奇异值、谱等一些数值特征量，事实上，这些问题都可以归结为相应矩阵特征量的扰动问题[11-13]. 因此，如何通过优化的矩阵扰动的结论，从矩阵角度去揭示复杂网络的动力学行为以及复杂反应扩散网络产生斑图的内在机制，是非常有意义并且有趣的研究内容.

随着科技的飞速发展，现有的矩阵（算子）不等式结果不能完全满足越来越多的实际需求. 同时，矩阵（算子）不等式这个专题本身也有许多待解决的问题，如 Sloane-Harwit 猜想、Zhan 猜想、Lee 猜想，故有必要对矩阵（算子）不等式做进一步的研究. 同时，矩阵扰动的结论对一般算子扰动是否局部成立？20 世纪 60 年代，Kato[14]给出了一套比较完善的基于算子间间断的算子摄动理论，但是任意给出两个线性算子和之间的间断是很难计算的，因此，这些结论在应用上有一定的局限性. 随后，Kato 等数学工作者利用算子的值域和零空间的性质研究算子的摄动，得到了许多非常优美的结果，这方面的主要结论都是关于（半）Fredholm 算子的摄动的. 20 世纪 90 年代，Lee[15-16]给出了正则算子的摄动定理，在此基础上，文献[17]将该定理的条件进一步减弱，得到了类似的摄动定理. 文献[18-19]对非交换 L-P 空间中可测算子进行研究，并得到了对应的扰动结论. 这些理论和方法启发我们尝试将得到的矩阵扰动结论推广得到一些特殊线性空间上的算子扰动的结论.

在接下来的章节中，我们将反复使用一些定义和结果，这里进行简单的介绍. 我们总是用 M_n 表示由所有 $n\times n$ 矩阵组成的空间，用 H_n 表示 M_n 中所有的 Hermite 矩阵. 设 $\boldsymbol{A}\in M_n$，我们用 $s_1(\boldsymbol{A}),s_2(\boldsymbol{A}),\cdots,s_n(\boldsymbol{A})$ 表示矩阵 $\boldsymbol{A}$ 的奇异值，用 $\lambda_1(\boldsymbol{A}),\lambda_2(\boldsymbol{A}),\cdots,\lambda_n(\boldsymbol{A})$ 表示矩阵 $\boldsymbol{A}$ 的特征值. 在后面的讨论中，我们总是假设

$$s_1(\boldsymbol{A})\geqslant s_2(\boldsymbol{A})\geqslant\cdots\geqslant s_n(\boldsymbol{A}),$$
$$\lambda_1(\boldsymbol{A})\geqslant \lambda_2(\boldsymbol{A})\geqslant\cdots\geqslant \lambda_n(\boldsymbol{A}).$$

设 $\boldsymbol{A}\in M_n$，我们用符号 $\|\boldsymbol{A}\|$ 表示矩阵 $\boldsymbol{A}$ 的任意的酉不变范数，即对于任意的酉矩阵 $\boldsymbol{U},\boldsymbol{V}\in M_n$，都有 $\|\boldsymbol{UAV}\|=\|\boldsymbol{A}\|$. 矩阵 $\boldsymbol{A}$ 的奇异值定义为：半正定矩阵 $\boldsymbol{A}^*\boldsymbol{A}$ 的特征值开平方，即

$$s_j(\boldsymbol{A})=\sqrt{\lambda_j(\boldsymbol{A}^*\boldsymbol{A})},\quad j=1,2,\cdots,n.$$

由奇异值定义可知，奇异值是酉不变的.

设 $f(t)$ 是定义在实区间 Ω 上的实值连续函数，Hermite 矩阵 $\boldsymbol{H}$ 的特征值包含于 Ω. 设

$$\boldsymbol{H}=\boldsymbol{U}\mathrm{diag}(\lambda_1,\cdots,\lambda_n)\boldsymbol{U}^*$$

为 $\boldsymbol{H}$ 的谱分解，其中，$\boldsymbol{U}$ 为酉矩阵，则 $\boldsymbol{H}$ 的函数运算定义为

$$f(\boldsymbol{H})=\boldsymbol{U}\mathrm{diag}[f(\lambda_1),\cdots,f(\lambda_n)]\boldsymbol{U}^*.$$

这个定义是合适的，因为 $f(\boldsymbol{H})$ 不依赖于 $\boldsymbol{H}$ 的特定的谱分解.

设 $x=(x_1,\cdots,x_n)\in R^n$，$y=(y_1,\cdots,y_n)\in R^n$ 的分量重新排序为

$$x_{[1]}\geqslant x_{[2]}\geqslant\cdots\geqslant x_{[n]},\ y_{[1]}\geqslant y_{[2]}\geqslant\cdots\geqslant y_{[n]}.$$

若

$$\sum_{j=1}^{k}x_{[j]}\leqslant\sum_{j=1}^{k}y_{[j]},\quad k=1,2,\cdots,n,$$

则称 x 被 y 弱受控，或是 x 弱受控于 y. 更进一步地，若 x 和 y 的每个分量都大于等于零且满足

$$\prod_{j=1}^{k}x_{[j]}\leqslant\prod_{j=1}^{k}y_{[j]},\quad k=1,2,\cdots,n,$$

则称 x 被 y 弱对数受控，或是 x 弱对数受控于 y. 对于弱受控，一个非常重要的性质是：设 $f(t)$ 是递增凸函数，若

$$\sum_{j=1}^{k}x_{[j]}\leqslant\sum_{j=1}^{k}y_{[j]},\quad k=1,2,\cdots,n,$$

则

$$\sum_{j=1}^{k}f(x_{[j]})\leqslant\sum_{j=1}^{k}f(y_{[j]}),\quad k=1,2,\cdots,n.$$

利用递增凸函数保持弱受控可以证明：弱对数受控强于弱受控.

现在我们来介绍 Fan 支配原理：设 $\boldsymbol{A},\boldsymbol{B}\in M_n$，若

$$\sum_{j=1}^{k} s_j(\boldsymbol{A}) \leqslant \sum_{j=1}^{k} s_j(\boldsymbol{B}), \qquad k=1,2,\cdots,n,$$

则

$$\|\boldsymbol{A}\| \leqslant \|\boldsymbol{B}\|$$

对任何酉不变范数都成立.

第 1 章　预备知识

1.1　算子 Löwner 偏序

随着算子代数与矩阵理论的迅速发展以及其在自然科学、工程技术和社会经济等领域的广泛应用，关于矩阵不等式的新结果层出不穷，它们或是经典不等式的改进和推广，或是完全新型的不等式，或是应用的深入或拓展. 在这些结果之中，标量不等式的算子版本是一个非常有趣的小专题，这个专题与其他算子不等式紧密相连. 在本书中，我们始终用 $\boldsymbol{B}(H)$ 表示由可分 Hilbert 空间 H 上所有线性算子生成的代数.

定义 1.1.1　自伴算子 $\boldsymbol{A}$ 称为是正的，如果对于任意给定的 $x \in H$，都有 $(\boldsymbol{A}x, x) \geqslant 0$.

定义 1.1.2　设 $\boldsymbol{A}, \boldsymbol{B} \in \boldsymbol{B}(H)$，且 $\boldsymbol{A}, \boldsymbol{B}$ 为自伴算子，$\boldsymbol{B} - \boldsymbol{A} \geqslant 0$ 表示 $\boldsymbol{B} - \boldsymbol{A}$ 为正算子，记为 $\boldsymbol{B} \geqslant \boldsymbol{A}$，$\boldsymbol{B} - \boldsymbol{A} > 0$ 表示 $\boldsymbol{B} - \boldsymbol{A}$ 为可逆正算子，记为 $\boldsymbol{B} > \boldsymbol{A}$.

所谓偏序，是指在一个集合 S 上定义的一种二元关系，它满足自反性、传递性以及反对称性. 容易验证，由定义 1.1.2 给出的 $\boldsymbol{B}(H)$ 上的这种关系是一种偏序，称为 Löwner 偏序. Löwner 偏序和算子单调理论密切相关，算子单调理论在电子网络理论、量子物理等方面有重要的应用[20-21]. 在矩阵论的文献中，还有另外两种偏序，其一是秩减偏序，有时候也称减号偏序，其二是 Drazin 偏序或称星偏序，在本书中，我们只讨论 Löwner 偏序. Löwner-Heinz 不等式是 Löwner 偏序中最重要的结果之一，作为 Löwner-Heinz 不等式的推广，自 1987 年起，对 Furuta 不等式及其应用的研究一直是算子不等式这个专题的一个热点.

Young 型不等式的历史渊源与著名的 Löwner-Heinz 不等式紧密相连. 1934 年，Löwner[22]证明了如下的著名 Löwner-Heinz 不等式：若 $\boldsymbol{A} \geqslant \boldsymbol{B} \geqslant 0$，

则对任意的 $\alpha \in [0,1]$，有 $\boldsymbol{A}^{\alpha} \geqslant \boldsymbol{B}^{\alpha}$ 成立.

Löwner-Heinz 不等式的提出，开辟了算子理论一个崭新的研究领域. 事实上，Löwner[22]最初是建立在有限维矩阵理论上的，证明得到了矩阵版本的不等式；而 Heinz[23]推广了 Löwner 的结果，证明了对任意维 Hilbert 空间上的正算子，上述不等式都是成立的，这也是此经典不等式命名为 Löwner-Heinz 不等式的一个缘由. 随后，大量的学者对 Löwner-Heinz 不等式进行研究，并取得了一系列显著的成就. 值得一提的是，Furuta[24]证明得到了如下的不等式：若 $\boldsymbol{A} \geqslant \boldsymbol{B} > 0$，则对 $r > 0$，$p \geqslant 0$ 与 $q \geqslant 1$ 且满足 $(1+r)q \geqslant p+r$，有

$$(\boldsymbol{A}^{r/2}\boldsymbol{A}^{p}\boldsymbol{A}^{r/2})^{1/q} \geqslant (\boldsymbol{A}^{r/2}\boldsymbol{B}^{p}\boldsymbol{A}^{r/2})^{1/q}.$$

很显然，上述不等式是 Löwner-Heinz 不等式的一个精美的推广. 一般我们称之为 Furuta 不等式.

近年来，关于 Löwner-Heinz 不等式的新结果层出不穷. 越来越多的改进与推广形式、完全新型的形式不断展示出来，在方法与技巧上也体现出多元化，以及这些不等式在交叉应用学科中的深入或拓展应用. 在这些结果之中，与之相关的 Young 型的算子不等式是一个具有吸引力的研究点.

均值算子不等式以及与之相关的算子不等式是 Young 型的算子不等式研究中的一个热点，因此，我们给出如下平均算子的定义. 设 $\boldsymbol{A},\boldsymbol{B} \in \boldsymbol{B}(H)$ 是正算子及任意实数 $\mu \in [0,1]$，则 $\boldsymbol{A},\boldsymbol{B}$ 的 μ 加权算术平均算子定义为

$$\boldsymbol{A}\nabla_{\mu}\boldsymbol{B} = (1-\mu)\boldsymbol{A} + \mu\boldsymbol{B},$$

进一步地，若 $\boldsymbol{A}$ 可逆，则 $\boldsymbol{A},\boldsymbol{B}$ 的 μ 加权几何平均算子定义为

$$\boldsymbol{A}\#_{\mu}\boldsymbol{B} = \boldsymbol{A}^{1/2}(\boldsymbol{A}^{-1/2}\boldsymbol{B}\boldsymbol{A}^{-1/2})^{\mu}\boldsymbol{A}^{1/2},$$

若 $\boldsymbol{A},\boldsymbol{B}$ 均可逆，则 $\boldsymbol{A},\boldsymbol{B}$ 的 μ 加权调和平均算子定义为

$$\boldsymbol{A}!_{\mu}\boldsymbol{B} = ((1-\mu)\boldsymbol{A}^{-1} + \mu\boldsymbol{B}^{-1})^{-1}.$$

特别地，当 $\mu = \dfrac{1}{2}$ 时，它们就是通常的算术、几何、调和平均算子，并简记为 $\boldsymbol{A}\nabla\boldsymbol{B}$，$\boldsymbol{A}\#\boldsymbol{B}$ 和 $\boldsymbol{A}!\boldsymbol{B}$.

1978 年，日本著名学者 Ando[25]给出了上述定义的算术、几何、调和平均算子的一个简洁优美的不等关系式

$$\boldsymbol{A}!\boldsymbol{B} \leqslant \boldsymbol{A}\#\boldsymbol{B} \leqslant \boldsymbol{A}\nabla\boldsymbol{B}, \tag{1.1}$$

其中，$\boldsymbol{A},\boldsymbol{B}\in\boldsymbol{B}(H)$是可逆正算子. 事实上，不等式（1.1）是典型的算数-几何-调和不等式$\left(\frac{a^{-1}+b^{-1}}{2}\right)^{-1}\leqslant\sqrt{ab}\leqslant\frac{a+b}{2}$的算子形式，这里$a,b>0$.

Furuta[26]进一步推广了上述不等式（1.1），即对μ—加权算术、几何、调和平均算子，上述关系也是成立的，即

$$\boldsymbol{A}!_{\mu}\boldsymbol{B}\leqslant\boldsymbol{A}\#_{\mu}\boldsymbol{B}\leqslant\boldsymbol{A}\nabla_{\mu}\boldsymbol{B},\tag{1.2}$$

其中，$\boldsymbol{A},\boldsymbol{B}\in\boldsymbol{B}(H)$是可逆正算子，且$\mu\in[0,1]$，并且给出了上述不等式（1.2）的一个简洁而优美的证明，具体详见参考文献[26]. 不等式（1.2）是下面标量不等式的算子形式

$$[(1-\mu)a^{-1}+\mu b^{-1}]^{-1}\leqslant a^{1-\mu}b^{\mu}\leqslant(1-\mu)a+\mu b,\tag{1.3}$$

其中，$a,b>0$，且$0\leqslant\mu\leqslant1$. 值得一提的是，上述式（1.3）中的后半部分就是原始的标量形式的 Young 不等式.

文献[27]中进一步给出了不等式（1.2）的较为详细的证明方法. 我们统称此类不等式为 Young 型的算子不等式. 近年来，大量学者对 Young 型的算子不等式理论及其应用进行了研究，并取得了显著的结论. 其中，比较突出的成就当属 Specht 比率和 Kantorovich 比率的引入.

W. Specht [28]引入了 Specht 比率$S(\cdot)$，定义如下

$$S(t)=\frac{t^{\frac{1}{t^{t-1}}}}{\mathrm{e}\log t^{\frac{1}{t^{t-1}}}},\ (t\neq1),\ S(1)=1.$$

它具有下面的主要性质：

（1）当$t>0$，$t\neq1$时，$S(t)=S(1/t)>1$；

（2）$S(\cdot)$在区间$(1,\infty)$上是单调递增的，在区间$(0,1)$上是单调递减的.

2012 年，Furuichi[29]给出了 Young 不等式（1.3）的如下具有 Specht 比率形式的改进

$$S(h^{r})a^{1-\mu}b^{\mu}\leqslant(1-\mu)a+\mu b,\tag{1.4}$$

其中，$a,b>0,h=\frac{a}{b},r=\min\{\mu,1-\mu\}$，且$0\leqslant\mu\leqslant1$.

Tominaga[30]进一步给出了具有 Specht 比率的 Young 不等式（1.3）的逆形式

$$S(a/b)a^{1-\mu}b^{\mu}\geqslant(1-\mu)a+\mu b,\tag{1.5}$$

其中，$a,b>0$，且 $0\leqslant\mu\leqslant 1$.

1948 年，Leonid Vital'evich Kantorovich [31]引入了下面的不等式：

$$\langle \boldsymbol{H}x,x\rangle\langle \boldsymbol{H}^{-1}x,x\rangle\leqslant\frac{(\lambda_1+\lambda_n)^2}{4\lambda_1\lambda_n},$$

其中，$x=(x_1,x_2,\cdots,x_n)\in C^n$，$\langle x,x\rangle=1$，$\lambda_1\geqslant\lambda_2\geqslant\cdots\geqslant\lambda_n>0$ 是 $n\times n$ 阶正定矩阵 $\boldsymbol{H}$ 的特征值. 一般我们称上述不等式为 Kantorovich 不等式. 对于有限维 Hilbert 空间 H 上的算子，上述不等式有着更特殊的表示形式，即，设 $\boldsymbol{A}$ 是有限维 Hilbert 空间 H 上的算子，满足 $0<m\leqslant\boldsymbol{A}\leqslant\boldsymbol{M}$，则

$$\langle \boldsymbol{A}x,x\rangle\langle \boldsymbol{A}^{-1}x,x\rangle\leqslant\frac{(\boldsymbol{M}+m)^2}{4m\boldsymbol{M}}(x\in H,\|x\|=1).$$

上述式子把 x 替换为 $\boldsymbol{A}^{1/2}x/\|\boldsymbol{A}^{1/2}x\|$，则可以得到上述 Kantorovich 不等式等价的一种形式

$$\langle \boldsymbol{A}^2x,x\rangle\leqslant\frac{(M+m)^2}{4m\boldsymbol{M}}\langle \boldsymbol{A}x,x\rangle^2(x\in H,\|x\|=1).$$

通常，我们记 $K(t,2)=\dfrac{(t+1)^2}{4t}(t>0)$ 为 Kantorovich 常数.

Zuo[32]给出了不等式（1.3）具有 Kantorovich 比率的不等式形式

$$K(h,2)^r a^{1-\mu}b^{\mu}\leqslant(1-\mu)a+\mu b, \tag{1.6}$$

其中，$a,b>0,h=\dfrac{a}{b},r=\min\{\mu,1-\mu\}$. 文献[13]给出了如下事实：“对于任意的 $t>0$ 和 $0\leqslant r\leqslant\dfrac{1}{2}$，有 $K(t,2)^r\geqslant S(t^r)$”，显然，它是不等式（1.4）的改进.

M. Sababheh、A. Yousf 和 R. Khalil[33]推广得到了多参数的 Young 不等式

$$a^pb^q\leqslant\frac{p-q+r}{p-q+2r}a^{p+r}b^{q-r}+\frac{r}{p-q+2r}a^{q-r}b^{p+r}, \tag{1.7}$$

其中，$a,b>0,p\geqslant q\geqslant r\geqslant 0$. 很明显，当 $r=q$ 时，不等式（1.7）就是原始的经典 Young 不等式.

一个自然的问题出来了：不等式（1.1）～不等式（1.6）的上、下界可否进一步优化？不等式（1.7）的多参数推广是否可以引入 Specht 比率和 Kantorovich 常数？优化效果如何？这也是我们本部分内容研究的主要动机和出发点之一.

众所周知，内积空间很多优美的几何性质在赋范线性空间中是不成立的，这是研究一个赋范线性空间是不是内积空间最重要的动机. 1935 年，Fréchet 在文献[34]中给出了第一个根据范数来判断一个赋范线性空间是不是内积空间的结果，他证明了一个赋范线性空间 V 是内积空间的充分必要条件是，对于任意的 $x,y,z\in V$，有

$$\|x+y+z\|^2+\|x\|^2+\|y\|^2+\|z\|^2-\|x+y\|^2-\|y+z\|^2-\|x+z\|^2=0.$$

同年，Jordan 和 Neumann 在文献[35]中得到了判断一个赋范线性空间是不是内积空间的平行四边形法则，他们证明了一个赋范线性空间 V 是内积空间的充分必要条件是，对于任意的 $x,y\in V$，有

$$\|x-y\|^2+\|x+y\|^2=2\|x\|^2+2\|y\|^2.$$

受上面工作的影响，给出一个赋范线性空间 V 是不是内积空间的充分必要条件，成为数学家关注的一个热点课题. 1964 年，Dunkl 和 Williams 在文献[36]中证明了，对于赋范线性空间 V 中任意非零元 x,y，

$$\left\|\frac{x}{\|x\|}-\frac{y}{\|y\|}\right\|\leqslant\frac{4\|x-y\|}{\|x\|+\|y\|}.\tag{1.8}$$

同时，他们也证明了若 V 为内积空间，则上面的不等式可改进为

$$\left\|\frac{x}{\|x\|}-\frac{y}{\|y\|}\right\|\leqslant\frac{2\|x-y\|}{\|x\|+\|y\|}.\tag{1.9}$$

同年，Kirk 和 Smiley 在文献[37]中指出：如果对于任意的非零元 $x,y\in V$，不等式（1.9）成立，那么 V 为内积空间. 关于判断一个赋范线性空间是否是内积空间的更多结果，可参见文献[38]及其参考文献. 近年来，人们得到了不等式（1.8）的许多改进以及逆向不等式，这些不等式统称为 Dunkl-Williams 型不等式.

2010 年，Pečarić 和 Rajić 在文献[39]中得到了 Dunkl-Williams 不等式的一个改进：对于赋范线性空间 V 中任意非零元 x,y，

$$\left\|\frac{x}{\|x\|}-\frac{y}{\|y\|}\right\|\leq\frac{\sqrt{2\|x-y\|^2+2(\|x\|-\|y\|)^2}}{\max\{\|x\|,\|y\|\}}.\tag{1.10}$$

同时，他们还得到了不等式（1.10）的算子版本：设 $\boldsymbol{A},\boldsymbol{B}\in\boldsymbol{B}(H)$ 且 $|\boldsymbol{A}|,|\boldsymbol{B}|$ 可逆，则

$$|\boldsymbol{A}|\boldsymbol{A}|^{-1}-\boldsymbol{B}|\boldsymbol{B}|^{-1}\leqslant\{|\boldsymbol{A}|^{-1}[2|\boldsymbol{A}-\boldsymbol{B}|^2+2(|\boldsymbol{A}|-|\boldsymbol{B}|)^2]|\boldsymbol{A}|^{-1}\}^{1/2}.\tag{1.11}$$

比不等式（1.10）更精确的结果是：对于赋范线性空间V中任意非零元x,y，

$$\left\|\frac{x}{\|x\|}-\frac{y}{\|y\|}\right\|\leqslant\frac{\|x-y\|+|\|x\|-\|y\||}{\max\{\|x\|,\|y\|\}}. \quad (1.12)$$

设$\boldsymbol{A},\boldsymbol{B}\in\boldsymbol{B}(H)$且$|\boldsymbol{A}|,|\boldsymbol{B}|$可逆，当$|\boldsymbol{B}|\leqslant|\boldsymbol{A}|$时，对应于不等式（1.12）的算子不等式为

$$|\boldsymbol{A}|\boldsymbol{A}|^{-1}-\boldsymbol{B}|\boldsymbol{B}|^{-1}|\leqslant|\boldsymbol{A}|^{-1/2}(|\boldsymbol{A}-\boldsymbol{B}|+|\boldsymbol{A}|-|\boldsymbol{B}|)|\boldsymbol{A}|^{-1/2}.$$

一般来说，这个不等式是不成立的.

一个自然的问题是：若$|\boldsymbol{A}|,|\boldsymbol{B}|$不可逆，能否有类似于不等式（1.11）的结果呢？寻找这一问题的答案是我们研究这个问题的动机.

1.2 矩阵奇异值不等式

对于矩阵奇异值不等式这个小专题，本书主要研究的是以下三个层次的不等式. 为便于理解，用几个非常漂亮的不等式来加以说明.

第一层次：设$\boldsymbol{A},\boldsymbol{B}\in M_n$为半正定矩阵，则

$$s_j(\boldsymbol{AB})\leqslant\frac{1}{2}s_j(\boldsymbol{A}^2+\boldsymbol{B}^2),\qquad j=1,2,\cdots,n. \quad (1.13)$$

这个结果归功于 Bhatia 和 Kittaneh[40]. 对于任意给定的矩阵，若它们之间存在类似于不等式（1.13）的这种关系，则称它们之间存在第一层次的奇异值不等式，简称为矩阵奇异值不等式. 自 Bhatia 和 Kittaneh 给出不等式（1.13）之后，很多学者致力于研究标量不等式的矩阵奇异值形式.

第二层次：设$\boldsymbol{A},\boldsymbol{B}\in M_n$为半正定矩阵，则对于任意的$z\in C$，有

$$\prod_{j=1}^{k}s_j(\boldsymbol{A}-|z|\boldsymbol{B})\leqslant\prod_{j=1}^{k}s_j(\boldsymbol{A}+z\boldsymbol{B})\leqslant\prod_{j=1}^{k}s_j(\boldsymbol{A}+|z|\boldsymbol{B}),\qquad k=1,2,\cdots,n. \quad (1.14)$$

不等式（1.14）是詹兴致在文献[41]中得到的结果. 对于任意给定的矩阵，如果它们之间存在类似于不等式（1.14）的这种关系，则称它们之间存在第二层次的奇异值不等式. 设$\boldsymbol{A},\boldsymbol{B}\in M_n$，若有

$$\prod_{j=1}^{k}s_j(\boldsymbol{A})\leqslant\prod_{j=1}^{k}s_j(\boldsymbol{B}),\qquad k=1,2,\cdots,n.$$

则也称$s_j(\boldsymbol{A})$弱对数受控（log-majorization）于$s_j(\boldsymbol{B})$. 所以，第二层次的矩

阵奇异值不等式也叫弱对数受控.

第三层次：设 $\boldsymbol{A}, \boldsymbol{X}, \boldsymbol{B} \in M_n$，则

$$\sum_{j=1}^{k} s_j(\boldsymbol{A}^*\boldsymbol{X}\boldsymbol{B}) \leqslant \frac{1}{2}\sum_{j=1}^{k} s_j(\boldsymbol{A}\boldsymbol{A}^*\boldsymbol{X} + \boldsymbol{X}\boldsymbol{B}\boldsymbol{B}^*), \qquad k = 1,2,\cdots,n. \tag{1.15}$$

这个 1993 年得到的结果归功于 Bhatia 和 Davis[42]. 对于任意给定的矩阵，如果它们之间存在类似于不等式（1.15）的这种关系，则称它们之间存在第三层次的奇异值不等式. 设 $\boldsymbol{A}, \boldsymbol{B} \in M_n$，若有

$$\sum_{j=1}^{k} s_j(\boldsymbol{A}) \leqslant \sum_{j=1}^{k} s_j(\boldsymbol{B}), \qquad k = 1,2,\cdots,n.$$

则也称 $s_j(\boldsymbol{A})$ 弱受控（majorization）于 $s_j(\boldsymbol{B})$. 由 Fan 支配原理知道，弱受控不等式（1.15）等价于

$$\| \boldsymbol{A}^*\boldsymbol{X}\boldsymbol{B} \| \leqslant \frac{1}{2} \| \boldsymbol{A}\boldsymbol{A}^*\boldsymbol{X} + \boldsymbol{X}\boldsymbol{B}\boldsymbol{B}^* \|.$$

所以，第三层次的矩阵奇异值不等式也叫弱受控或矩阵酉不变范数不等式.

在本书中，我们将多次使用 Fan 支配原理，它是矩阵不等式这个研究方向最重要的定理之一. 上面三个层次的不等式中，第一层次的不等式最强，第三层次的不等式最弱. 设 $\boldsymbol{A}, \boldsymbol{B} \geqslant 0$，由 Weyl 单调性原理可知，Löwner 偏序强于第一层次的奇异值不等式，故有

$$\begin{aligned}
0 \leqslant \boldsymbol{A} \leqslant \boldsymbol{B} &\Rightarrow s_j(\boldsymbol{A}) \leqslant s_j(\boldsymbol{B}), \qquad j = 1,2,\cdots,n \\
&\Rightarrow \prod_{j=1}^{k} s_j(\boldsymbol{A}) \leqslant \prod_{j=1}^{k} s_j(\boldsymbol{B}), \qquad k = 1,2,\cdots,n \\
&\Rightarrow \sum_{j=1}^{k} s_j(\boldsymbol{A}) \leqslant \sum_{j=1}^{k} s_j(\boldsymbol{B}), \qquad k = 1,2,\cdots,n \\
&\Leftrightarrow \| \boldsymbol{A} \| \leqslant \| \boldsymbol{B} \|
\end{aligned}$$

设 $\boldsymbol{A}, \boldsymbol{X}, \boldsymbol{B} \in M_n$，且 $\boldsymbol{A}, \boldsymbol{B} \geqslant 0$，詹兴致在文献[43]中证明了：若 $\frac{1}{2} \leqslant r \leqslant \frac{3}{2}$，$-2 < t \leqslant 2$，则

$$\| \boldsymbol{A}^r\boldsymbol{X}\boldsymbol{B}^{2-r} + \boldsymbol{A}^{2-r}\boldsymbol{X}\boldsymbol{B}^r \| \leqslant \frac{2}{t+2} \| \boldsymbol{A}^2\boldsymbol{X} + t\boldsymbol{A}\boldsymbol{X}\boldsymbol{B} + \boldsymbol{X}\boldsymbol{B}^2 \|. \tag{1.16}$$

不等式（1.16）是不等式（1.15）的推广. 更进一步地，詹兴致在文献[44]

中提出了如下猜想：设 $A,B\geqslant 0$, $-2<t\leqslant 2$ ， $\frac{1}{2}\leqslant r\leqslant\frac{3}{2}$ ，则

$$s_j(A^rB^{2-r}+A^{2-r}B^r)\leqslant\frac{2}{t+2}s_j(A^2+tAB+B^2),\qquad j=1,2,\cdots,n. \tag{1.17}$$

这个猜想的意义在于：若不等式（1.17）成立，很多相关的矩阵不等式将是其特殊情况. 例如，当 $t=0,r=1$ 时，不等式（1.17）就是不等式（1.13）. 在本书中，我们将其称为 Zhan 猜想，在这个猜想被提出之后，得到了很多学者的关注. 2007 年，Zhan 猜想的一个特殊情况—— $t=0$ 的情形由 Audenaert 在文献[45]中给出了证明，他得到了如下奇异值不等式

$$s_j(A^rB^{1-r}+A^{1-r}B^r)\leqslant s_j(A+B),\ 0\leqslant r\leqslant 1,\qquad j=1,2,\cdots,n.$$

1.3 其他经典算子不等式的研究

1.3.1 Hermite-Hadamard 型的积分算子不等式

Hermite-Hadamard 型的积分算子不等式是建立在对凸函数的研究基础之上的. 1905 年，数学家 Jensen 首次定义了凸（凹）函数的概念，开辟了一个崭新的研究领域. 源于凸函数优美的、精巧的凸性质，不仅可以科学地、准确地描述相应函数的图像，而且很多不等关系式也可以借助凸函数的性质得以解决. 同时，凸函数也越来越受到交叉应用学科研究人员的青睐，常常作为运筹学中优化问题重要的研究对象. 一直以来，人们对凸函数的讨论都不曾间断，随着凸函数自身理论的不断发展，与其有连带作用的不等关系式及其在交叉应用学科中的广泛应用，彰显了对凸函数研究的重要性和必要性[46]. 凸函数的相关概念以及不等关系式也呈现出越来越多的不同版本和形式，大量学者提出或推广得到很多的凸函数不等关系式，我们一般统称为 Jensen 不等式. 特别地，到 21 世纪初，王良成又对凸函数的幂平均不等式进行了更深入的讨论[47]. 1983 年，Hadamard 对式 $f\left(\frac{x_1+x_2}{2}\right)\leqslant\frac{f(x_1)+f(x_2)}{2}$ 进行了平均值的差值，即，若 f 是 $[a,b]$ 上的连续

凸函数，则有如下不等式成立

$$f\left(\frac{a+b}{2}\right) \leqslant \frac{1}{b-a}\int_a^b f(t)\mathrm{d}t \leqslant \frac{f(a)+f(b)}{2} \tag{1.18}$$

这就是著名的 Hermite-Hadamard 不等式. 由此可以看出，Jensen 不等式与 Hermite-Hadamard 不等式有着密切的联系. 此外，数学研究者分析研究了大量的凸函数，通过加强或者削弱相应的凸函数条件，得到不同版本的凸概念，并且给出它们的相关性质及其应用，而几乎每一种凸概念都有相对应的 Hadamard 型不等式[48].

设函数 $f:I\subseteq\mathbb{R}\to\mathbb{R}$，如果对于任意的 $x,y\in I$ 和 $\lambda\in[0,1]$，有 $f(\lambda x+(1-\lambda)y)\leqslant \lambda f(x)+(1-\lambda)f(y)$ 成立，则称 f 为凸函数.

设函数 $f:[a,b]\to\mathbb{R}$，如果对于任意的 $x,y\in[a,b]$ 和 $\lambda\in[0,1]$，有 $f(\lambda x+(1-\lambda)y)\leqslant \max\{f(x),f(y)\}$ 成立，则称 f 为准凸函数.我们很容易观察到每一个凸函数都是准凸函数，但是反之一般是不成立的.

前期阶段，人们主要聚焦于一维情形的（准）凸函数的性质以及相应的 Hermite-Hadamard 不等式的研究.

S. S. Dragomir [49]考虑如下映射

$$H:[0,1]\to\mathbb{R}, H(t):=\frac{1}{b-a}\int_a^b f\left[tx+(1-t)\frac{a+b}{2}\right]\mathrm{d}x.$$

并且函数 H 具有下面的性质：

（1）H 是凸函数，并且单调非减的；

（2）

$$\sup_{t\in[0,1]} H(t)=H(1)=\frac{1}{b-a}\int_a^b f(x)\mathrm{d}x$$

和

$$\inf_{t\in[0,1]} H(t)=H(0)=f\left(\frac{a+b}{2}\right).$$

与此同时，S. S. Dragomir[50]构造了另一个与 Hadamard 不等式密切相关的函数映射

$$F:[0,1]\to\mathbb{R}, F(t):=\frac{1}{(b-a)^2}\int_a^b\int_a^b f[tx+(1-t)y]\mathrm{d}x\mathrm{d}y.$$

并且函数 F 具有下面重要的性质：

（1）F 是凸函数，并且在区间 $\left[0,\frac{1}{2}\right]$ 内是单调非增的，在区间 $\left[\frac{1}{2},1\right]$ 内是单调非减的；

（2）函数 F 是关于点 $\frac{1}{2}$ 对称的，也即对任意的 $t\in[0,1]$，$F(t)=F(1-t)$ 都是成立的；

（3）

$$\sup_{t\in[0,1]} F(t)=F(0)=F(1)=\frac{1}{b-a}\int_a^b f(x)\,\mathrm{d}x$$

和

$$\inf_{t\in[0,1]} F(t)=H\left(\frac{1}{2}\right)=\frac{1}{(b-a)^2}\int_a^b\int_a^b f\left(\frac{a+b}{2}\right)\mathrm{d}x\mathrm{d}y\geqslant f\left(\frac{a+b}{2}\right).$$

（4）对任意的 $t\in[0,1]$，都有 $F(t)\geqslant\max\{H(t),H(1-t)\}$.

A. E. Farissi[51]证明并得到了 Hermite-Hadamard 型积分不等式的一种改进形式：设函数 $f:I\to R$ 是定义在区间 $I=[a,b](a<b)$ 上的凸函数，则对任意的 $\lambda\in[0,1]$，有

$$f\left(\frac{a+b}{2}\right)\leqslant l(\lambda)\leqslant\frac{1}{b-a}\int_a^b f(x)\mathrm{d}x\leqslant L(x)\leqslant\frac{f(a)+f(b)}{2} \tag{1.19}$$

其中，$l(\lambda)=\lambda f\left[\frac{\lambda b+(2-\lambda)a}{2}\right]+(1-\lambda)f\left[\frac{(1+\lambda)b+(1-\lambda)a}{2}\right]$,

$$L(\lambda)=\frac{1}{2}[f(\lambda b+(1-\lambda)a]+\lambda f(a)+[1-\lambda)f(b)].$$

后期阶段，随着高维情形下凸函数的定义以及性质的提出，大量数学学者对高维下的 Hermite-Hadamard 型不等式进行了研究.

考虑二元区间 $\Delta:=[a,b]\times[c,d]\subset\mathbb{R}^2$，其中 $a<b,c<d$. 如果对于任意的 $x\in[a,b],y\in[c,d]$，函数 $f:\Delta\to\mathbb{R}$ 的局部映射都存在，并且满足局部映射 $f_y:[a,b]\to\mathbb{R},f_y(u):=f(u,y)$ 与局部映射 $f_x:[c,d]\to\mathbb{R},f_x(v):=f(x,v)$ 均是凸函数，则称函数 f 是依坐标的凸函数.

2001 年，S. S. Dragomir[52]考虑二维依坐标凸函数情形下的 Hermite-Hadamard 型不等式，即有

设 $f:\Delta=[a,b]\times[c,d]\subset[0,\infty)\times[0,\infty)\to\mathbb{R}$ 是 Δ 上的二维依坐标凸函数，则有

$$
\begin{aligned}
& f\left(\frac{a+b}{2},\frac{c+d}{2}\right) \qquad (1.20)\\
& \leqslant \frac{1}{2}\left[\frac{1}{b-a}\int_a^b f\left(x,\frac{c+d}{2}\right)\mathrm{d}x+\frac{1}{d-c}\int_c^d f\left(\frac{a+b}{2},y\right)\mathrm{d}y\right]\\
& \leqslant \frac{1}{(b-a)(d-c)}\int_a^b\int_c^d f(x,y)\mathrm{d}y\mathrm{d}x\\
& \leqslant \frac{1}{4}\left[\frac{1}{b-a}\int_a^b[f(x,c)+f(x,d)]\mathrm{d}x+\frac{1}{d-c}\int_c^d[f(a,y)+f(b,y)]\mathrm{d}y\right]\\
& \leqslant \frac{1}{4}[f(a,c)+f(b,c)+f(a,d)+f(b,d)].
\end{aligned}
$$

M. E. Özdemir[53]定义了一个与依坐标凸有关的映射，并利用构造映射的性质证明得到了如下不等式：

$$
\begin{aligned}
& \frac{1}{(b-a)(d-c)}\int_a^b\int_c^d f(x,y)\mathrm{d}y\mathrm{d}x \qquad (1.12)\\
& \leqslant \frac{1}{4}\left[\frac{f(a,c)+f(a,d)+f(b,c)+f(b,d)}{4}\right.\\
& \left.+\frac{f\left(\frac{a+b}{2},c\right)+f\left(\frac{a+b}{2},d\right)+f\left(a,\frac{c+d}{2}\right)+f\left(b,\frac{c+d}{2}\right)}{2}+f\left(\frac{a+b}{2},\frac{c+d}{2}\right)\right].
\end{aligned}
$$

W. Orlicz[54]介绍了两类实值 s-凸函数的定义. 设函数 $f:\mathbb{R}^+\to\mathbb{R}$，对任意的 $x,y\in[0,\infty)$，若满足如下不等关系：$f(\alpha x+\beta y)\leqslant\alpha^s f(x)+\beta^s f(y)$，其中 $\alpha,\beta\geqslant 0$ 且 $\alpha^s+\beta^s=1$，以及任一固定的实数 $s\in(0,1]$，此时则称函数 f 是第一意义下的实值 s-凸函数，记这一类函数的集合为 K_s^1；若满足如下不等关系：$f(\alpha x+\beta y)\leqslant\alpha^s f(x)+\beta^s f(y)$，其中 $\alpha,\beta\geqslant 0$ 且 $\alpha+\beta=1$，以及任一固定的实数 $s\in(0,1]$，此时则称函数 f 是第二意义下的实值 s-凸函数，记这一类函数的集合为 K_s^2.

M. Alomari 和 M. Darus[55-56]建立了二维区域上依坐标 s-凸函数在第二意义下的 Hermite-Hadamard 型的积分算子不等式

$$
\begin{aligned}
&4^{s-1} f\left(\frac{a+b}{2}, \frac{c+d}{2}\right) \\
&\leqslant 2^{s-2}\left[\frac{1}{b-a} \int_a^b f\left(x, \frac{c+d}{2}\right) \mathrm{d} x+\frac{1}{d-c} \int_c^d f\left(\frac{a+b}{2}, y\right) \mathrm{d} y\right] \\
&\leqslant \frac{1}{(b-a)(d-c)} \int_a^b \int_c^d f(x, y) \mathrm{d} y \mathrm{d} x \\
&\leqslant \frac{1}{2(s+1)}\left\{\frac{1}{b-a} \int_a^b[f(x, c)+f(x, d)] \mathrm{d} x+\frac{1}{d-c} \int_c^d[f(a, y)+f(b, y)] \mathrm{d} y\right\} \\
&\leqslant \frac{1}{(s+1)^2}[f(a, c)+f(b, c)+f(a, d)+f(b, d)].
\end{aligned} \tag{1.21}
$$

同时，M. Alomari 和 M. Darus[57]建立了二维区域上依坐标 s-凸函数在第一意义下的 Hermite-Hadamard 型的积分算子不等式

$$
\begin{aligned}
&f\left(\frac{a+b}{2}, \frac{c+d}{2}\right) \\
&\leqslant \frac{1}{(b-a)(d-c)} \int_a^b \int_c^d f(x, y) \mathrm{d} y \mathrm{d} x \\
&\leqslant \frac{1}{(s+1)^2}\left[f(a, c)+s f(b, c)+s f(a, d)+s^2 f(b, d)\right].
\end{aligned} \tag{1.22}
$$

更多内容请参考文献[58-65].

1.3.2 Samuelson 型的算子不等式

在统计学中，Samuelson 不等式是以经济学家 Paul Samuelson的名字命名的，也称为 Laguerre–Samuelson 不等式. 事实上，Samuelson 不等式并不是由 Paul Samuelson首先发现的，而是 1880 年 Laguerre 在研究多项式根的情况时发现的.

考虑多项式 $f(x)=a_0x^n+a_1x^{n-1}+\cdots+a_{n-1}x+a_n$，并且假设它的根都是实数. 不失一般性，进一步地，假设 $a_0=1$，$t_1=\sum x_i$ 和 $t_2=\sum x_i^2$，则有

$$
a_1=-\sum x_i=-t_1, \quad a_2=\sum x_i x_j=\frac{t_1^2-t_2}{2}, \text{ 其中, } i<j .
$$

由系数关系 $t_2=a_1^2-2a_2$，Laguerre 证明得到了多项式的所有根都落在下面

的区间内：

$$\left[-\frac{a_1}{n}-b\sqrt{n-1},-\frac{a_1}{n}+b\sqrt{n-1}\right]，其中 b=\frac{\sqrt{nt_2-t_1^2}}{n}=\frac{\sqrt{na_1^2+a_1^2-2na_2}}{n}.$$

我们可以观察到$-\frac{a_1}{n}$是多项式所有根的平均值，b是多项式所有根的标准差. 遗憾的是，Laguerre 当时并没有注意到多项式根的界与其根的平均值和标准差之间的关系. 直到后来，经济学家 Paul Samuelson在统计学中给出了确切的介于平均值与标准差之间的不等关系，即著名的 Samuelson 不等式.

设n个样本数据$x_1,x_2,\cdots,x_n\in\mathbb{R}$，我们记$\bar{x}=\frac{x_1+x_2+\cdots+x_n}{n}$为样本平均值，$s=\sqrt{\frac{1}{n}\sum_{i=1}^{n}(x_i-\bar{x})^2}$为样本标准差，则所有的样本值都落在下面的范围内

$$\bar{x}-s\sqrt{n-1}\leqslant x_i\leqslant\bar{x}+s\sqrt{n-1}，\quad i=1,2,\cdots,n.$$

Samuelson 不等式曾被认为是样本数据残差进行研究的一个重要外部原因及依据，并且，它在很多应用中起着举足轻重的作用. 一方面是对矩阵特征值的刻画，另一方面是对多项式特征根的估计与定位.

在文献[66]中，Wolkowicz 和 Styan 研究得到了对于任意$n\times n$阶复 Hermitian 矩阵，Samuelson 不等式给出了其特征值的刻画范围. 设$\lambda_i(i=1,2,\cdots,n)$为矩阵$\boldsymbol{A}$的特征值，令$\boldsymbol{B}=\boldsymbol{A}-\frac{\mathrm{tr}\boldsymbol{A}}{n}I$，其中，$\mathrm{tr}\boldsymbol{A}$是矩阵$\boldsymbol{A}$的迹，则矩阵$\boldsymbol{A}$的所有特征值都位于下面的区域内

$$\frac{\mathrm{tr}\boldsymbol{A}}{n}-\sqrt{\frac{n-1}{n}\mathrm{tr}\boldsymbol{B}^2}\leqslant\lambda_i\leqslant\frac{\mathrm{tr}\boldsymbol{A}}{n}+\sqrt{\frac{n-1}{n}\mathrm{tr}\boldsymbol{B}^2}.$$

近年来，Samuelson 不等式受到大量研究学者的青睐，在上、下界的精确度，研究方法、技巧以及实际应用方面都有诸多显著的成就[67-72]. 值得一提的是，在文献[73]中，R. Sharma 和 R. Saini 利用统计学中高阶中心距的概念对 Samuelson 不等式进行了研究，并推广了 Samuelson 不等式，作为相应的应用，对 Hermitian 矩阵特征值进行了刻画，以及实系数多项式特征根的估计与定位. 这里我们注意到，文献[73]中的结论确实是形式新颖、普遍性较强，但是也有自身的局限性，样本数据仅仅局限于实数系，

也就是一维情形，对于高维情形的研究就有一定的误差性. 鉴于标准差的实际意义，我们可以采用模的形式，利用绝对中心距来进一步推广 Samuelson 不等式，进而在相关应用中，所对应的矩阵或多项式不再局限于实特征值或实特征根的限制，可以推广至任意的复矩阵以及复系数多项式，这也是我们对 Samuelson 不等式研究的主要出发点及研究动机.

第2章　算子 Löwner 偏序

2.1　引言

1964 年，Dunkl 和 Williams 在文献[5]中证明了对于赋范线性空间V中的任意非零元x, y，

$$\left\|\frac{x}{\|x\|}-\frac{y}{\|y\|}\right\| \leqslant \frac{4\|x-y\|}{\|x\|+\|y\|}.$$

同时，文献也证明了，若V为内积空间，则上面的不等式可改进为

$$\left\|\frac{x}{\|x\|}-\frac{y}{\|y\|}\right\| \leqslant \frac{2\|x-y\|}{\|x\|+\|y\|}. \tag{2.1}$$

同年，Kirk 和 Smiley 在文献[37]中指出，如果对于任意的非零元$x, y \in V$，不等式（2.1）成立，那么V为内积空间. 自那以后，利用不等式来判断一个空间是否为内积空间，一直是泛函分析中比较受关注的问题. 另外，研究这些不等式的算子版本是算子不等式中一个比较流行的研究方向，2010 年，著名不等式专家 Pečarić 和 Rajić 在文献[39]中得到了 Dunkl-Williams 不等式的一个改进，并给出了这个不等式的算子版本. 但是，在他们的结果中，要求算子$|\boldsymbol{A}|$和$|\boldsymbol{B}|$可逆，一个自然的问题是：$|\boldsymbol{A}|$和$|\boldsymbol{B}|$不可逆时，是否有类似的结果呢？带着这个问题，我们对相关的文献进行了收集、整理和仔细研读. 通过分析我们发现，要回答这个问题，必须先掌握好算子 Bohr 型不等式，故我们对算子 Bohr 型不等式进行了研究，得到了一些结果. 在本章中，我们始终假设$\frac{1}{p}+\frac{1}{q}=1, p, q \in R, p, q \neq 0,1$.

2.2 算子 Bohr 型不等式

设 $z_1, z_2 \in C$，1924 年，Bohr 在文献[74]中给出了如下不等式

$$|z_1 - z_2|^2 \leqslant p|z_1|^2 + q|z_2|^2, \quad p,q > 1.$$

在文献中，这个不等式称为 Bohr 不等式. 到目前为止，数学家给出了 Bohr 不等式很多有趣的推广，感兴趣的读者可参见最近的综述论文[75].

2003 年，Hirzallah 在文献[76]中给出了 Bohr 不等式的一个算子版本：设 $\boldsymbol{A}, \boldsymbol{B} \in \boldsymbol{B}(H)$，若 $1 < p \leqslant q$，则

$$|\boldsymbol{A}-\boldsymbol{B}|^2 + |(1-p)\boldsymbol{A}-\boldsymbol{B}|^2 \leqslant p|\boldsymbol{A}|^2 + q|\boldsymbol{B}|^2. \tag{2.2}$$

由于 p,q 是共轭数，仔细观察不等式（2.2）我们会发现，它的条件 $1 < p \leqslant q$ 实际上等价于 $1 < p \leqslant 2 \leqslant q$，很自然的问题是：对于 p,q 的其他情形，我们会得到什么样的结果呢？2006 年，Cheung 和 Pečarić 在文献[77]中推广了 Hirzallah 的结果，文中证明：

(i) 若 $p < 1$，则

$$\begin{aligned} p|\boldsymbol{A}|^2 + q|\boldsymbol{B}|^2 &\leqslant |\boldsymbol{A}-\boldsymbol{B}|^2 + |(1-p)\boldsymbol{A}-\boldsymbol{B}|^2 \\ p|\boldsymbol{A}|^2 + q|\boldsymbol{B}|^2 &\leqslant |\boldsymbol{A}-\boldsymbol{B}|^2 + |\boldsymbol{A}-(1-q)\boldsymbol{B}|^2 \end{aligned}. \tag{2.3}$$

(ii) 若 $1 < p \leqslant 2$，则

$$|\boldsymbol{A}-\boldsymbol{B}|^2 + |(1-p)\boldsymbol{A}-\boldsymbol{B}|^2 \leqslant p|\boldsymbol{A}|^2 + q|\boldsymbol{B}|^2 \leqslant |\boldsymbol{A}-\boldsymbol{B}|^2 + |\boldsymbol{A}-(1-q)\boldsymbol{B}|^2. \tag{2.4}$$

(iii) 若 $p > 2$，则

$$|\boldsymbol{A}-\boldsymbol{B}|^2 + |\boldsymbol{A}-(1-q)\boldsymbol{B}|^2 \leqslant p|\boldsymbol{A}|^2 + q|\boldsymbol{B}|^2 \leqslant |\boldsymbol{A}-\boldsymbol{B}|^2 + |(1-p)\boldsymbol{A}-\boldsymbol{B}|^2. \tag{2.5}$$

2007 年，张福振在文献[78]中得到了关于多个算子的 Bohr 不等式：设 $\boldsymbol{A}_j \in \boldsymbol{B}(H), j=1,2,\cdots,k,\ k \in Z$，则对于任意满足 $\sum_{j=1}^{k} t_j = 1$ 的非负实数 $t_1,\cdots,t_k$，有

$$\left|\sum_{j=1}^{k} t_j \boldsymbol{A}_j\right|^2 \leqslant \sum_{j=1}^{k} t_j |\boldsymbol{A}_j|^2. \tag{2.6}$$

最近，Chansangiam、Hemchote 和 Pantaragphong 在文献[79]中对不等式（2.6）进行了推广，他们得到：设 $\boldsymbol{X} = [x_{ij}] \in M_k$，其中

$$x_{ij}=\begin{cases}\alpha_i^2-\beta_i, & i=j\\ \alpha_i\alpha_j, & i\neq j\end{cases}, \alpha_i,\beta_i\in R, 1\leqslant i,j\leqslant k.$$

若 $\boldsymbol{X}\leqslant 0$，则有

$$\left|\sum_{j=1}^{k}\alpha_j\boldsymbol{A}_j\right|^2\leqslant\sum_{j=1}^{k}\beta_j|\boldsymbol{A}_j|^2. \tag{2.7}$$

若 $\boldsymbol{X}\geqslant 0$，则有

$$\left|\sum_{j=1}^{k}\alpha_j\boldsymbol{A}_j\right|^2\geqslant\sum_{j=1}^{k}\beta_j|\boldsymbol{A}_j|^2. \tag{2.8}$$

关于更多的 Bohr 不等式的算子版本，可参见文献[80-83]及其参考文献.

在本节中，我们将给出不等式（2.3）～不等式（2.6）的改进，同时，给出关于多个算子的不等式，我们的结果类似于不等式(2.7)和不等式(2.8). 为了得到结果，需要如下引理.

引理 2.2.1　设 $\boldsymbol{A},\boldsymbol{B}\in\boldsymbol{B}(H), 0\leqslant\lambda\leqslant 1$，则

$$p|\boldsymbol{A}|^2+q|\boldsymbol{B}|^2=|\boldsymbol{A}-\boldsymbol{B}|^2+\frac{\lambda}{p-1}|(p-1)\boldsymbol{A}+\boldsymbol{B}|^2+\frac{1-\lambda}{q-1}|\boldsymbol{A}+(q-1)\boldsymbol{B}|^2. \tag{2.9}$$

证明： 由绝对值算子的定义，有

$$\frac{\lambda}{p-1}|(p-1)\boldsymbol{A}+\boldsymbol{B}|^2=\lambda(p-1)|\boldsymbol{A}|^2+\frac{\lambda}{p-1}|\boldsymbol{B}|^2+\lambda(\boldsymbol{A}^*\boldsymbol{B}+\boldsymbol{B}^*\boldsymbol{A}),$$

$$\frac{1-\lambda}{q-1}|\boldsymbol{A}+(q-1)\boldsymbol{B}|^2=\frac{1-\lambda}{q-1}|\boldsymbol{A}|^2+(1-\lambda)(q-1)|\boldsymbol{B}|^2+(1-\lambda)(\boldsymbol{A}^*\boldsymbol{B}+\boldsymbol{B}^*\boldsymbol{A}).$$

将上面两式相加，并且注意到 $\dfrac{q}{p}=q-1=\dfrac{1}{p-1}$，即可得到式（2.9），这就完成了证明.

注 2.2.1　Abramovich、Barić 和 Pečarić 在文献[83]中给出如下等式

$$\alpha(1-\alpha)|\boldsymbol{A}-\boldsymbol{B}|^2+|\alpha\boldsymbol{A}+(1-\alpha)\boldsymbol{B}|^2=\alpha|\boldsymbol{A}|^2+(1-\alpha)|\boldsymbol{B}|^2，\alpha\in R. \tag{2.10}$$

其中，$0\leqslant\alpha\leqslant 1$ 这种特殊情形由张福振在文献[78]中给出. 当 $\alpha\neq 0,1$ 时，式（2.9）等价于

$$|\boldsymbol{A}-\boldsymbol{B}|^2+\frac{\alpha}{1-\alpha}\left|\boldsymbol{A}+\frac{1-\alpha}{\alpha}\boldsymbol{B}\right|^2=\frac{1}{1-\alpha}|\boldsymbol{A}|^2+\frac{1}{\alpha}|\boldsymbol{B}|^2.$$

令

$$\frac{1}{1-\alpha}=p,\quad \frac{1}{\alpha}=q.$$

并且注意到等式

$$\frac{1}{p-1}|(p-1)\boldsymbol{A}+\boldsymbol{B}|^2=\frac{1}{q-1}|\boldsymbol{A}+(q-1)\boldsymbol{B}|^2,$$

很容易得出式（2.9）和式（2.10）是等价的.

注 2.2.2 Fujii 和 Zuo 在文献[81]中证明，若 $t\neq 0$，则

$$|\boldsymbol{A}+\boldsymbol{B}|^2+\frac{1}{t}|t\boldsymbol{A}-\boldsymbol{B}|^2=(1+t)|\boldsymbol{A}|^2+\left(1+\frac{1}{t}\right)|\boldsymbol{B}|^2.$$

经过简单计算可知，他们的结果也等价于式（2.9）.

下面，利用引理 2.2.1 及其等价形式来改进不等式（2.3）～不等式（2.6）.

定理 2.2.1 设 $\boldsymbol{A},\boldsymbol{B}\in\boldsymbol{B}(H),0\leqslant\lambda\leqslant 1$.

(i) 若 $p<1$，则

$$\begin{aligned}p|\boldsymbol{A}|^2+q|\boldsymbol{B}|^2&\leqslant|\boldsymbol{A}-\boldsymbol{B}|^2+\lambda q|(1-p)\boldsymbol{A}-\boldsymbol{B}|^2\\ p|\boldsymbol{A}|^2+q|\boldsymbol{B}|^2&\leqslant|\boldsymbol{A}-\boldsymbol{B}|^2+(1-\lambda)p|\boldsymbol{A}-(1-q)\boldsymbol{B}|^2\end{aligned}.\tag{2.11}$$

(ii) 若 $1<p\leqslant 2$，则

$$\begin{aligned}|\boldsymbol{A}-\boldsymbol{B}|^2+|(1-p)\boldsymbol{A}-\boldsymbol{B}|^2&\leqslant|\boldsymbol{A}-\boldsymbol{B}|^2+[(q-1)(1-\lambda)+\lambda]|(1-p)\boldsymbol{A}-\boldsymbol{B}|^2\\ &\leqslant p|\boldsymbol{A}|^2+q|\boldsymbol{B}|^2\\ &\leqslant|\boldsymbol{A}-\boldsymbol{B}|^2+[(p-1)\lambda+1-\lambda]|\boldsymbol{A}-(1-q)\boldsymbol{B}|^2\\ &\leqslant|\boldsymbol{A}-\boldsymbol{B}|^2+|\boldsymbol{A}-(1-q)\boldsymbol{B}|^2.\end{aligned}\tag{2.12}$$

(iii) 若 $p>2$，则

$$\begin{aligned}|\boldsymbol{A}-\boldsymbol{B}|^2+|(1-q)\boldsymbol{A}-\boldsymbol{B}|^2&\leqslant|\boldsymbol{A}-\boldsymbol{B}|^2+[(p-1)\lambda+1-\lambda]|\boldsymbol{A}-(1-q)\boldsymbol{B}|^2\\ &\leqslant p|\boldsymbol{A}|^2+q|\boldsymbol{B}|^2\\ &\leqslant|\boldsymbol{A}-\boldsymbol{B}|^2+[(q-1)(1-\lambda)+\lambda]|(1-p)\boldsymbol{A}-\boldsymbol{B}|^2\\ &\leqslant|\boldsymbol{A}-\boldsymbol{B}|^2+|\boldsymbol{A}-(1-p)\boldsymbol{B}|^2.\end{aligned}\tag{2.13}$$

证明：先证明 $p<1$ 这种情况. 因为 $p<1$，所以 $q<1$，并且 $pq<0$，由此可知

$$\frac{1}{p-1}|(p-1)\boldsymbol{A}+\boldsymbol{B}|^2\leqslant 0,$$

$$\frac{1}{q-1}|\boldsymbol{A}+(q-1)\boldsymbol{B}|^2\leqslant 0\,.$$

由式（2.9）和上面两个不等式，有

$$\begin{aligned}p|\boldsymbol{A}|^2+q|\boldsymbol{B}|^2&\leqslant|\boldsymbol{A}-\boldsymbol{B}|^2+\frac{\lambda}{p-1}|(1-p)\boldsymbol{A}-\boldsymbol{B}|^2\\&\leqslant|\boldsymbol{A}-\boldsymbol{B}|^2+\left(\frac{\lambda}{p-1}+\lambda\right)|(1-p)\boldsymbol{A}-\boldsymbol{B}|^2\\&=|\boldsymbol{A}-\boldsymbol{B}|^2+\lambda q|(1-p)\boldsymbol{A}-\boldsymbol{B}|^2\end{aligned}$$

以及

$$\begin{aligned}p|\boldsymbol{A}|^2+q|\boldsymbol{B}|^2&\leqslant|\boldsymbol{A}-\boldsymbol{B}|^2+\frac{1-\lambda}{q-1}|\boldsymbol{A}-(1-q)\boldsymbol{B}|^2\\&\leqslant|\boldsymbol{A}-\boldsymbol{B}|^2+\left(\frac{1-\lambda}{q-1}+1-\lambda\right)|\boldsymbol{A}-(1-q)\boldsymbol{B}|^2\\&=|\boldsymbol{A}-\boldsymbol{B}|^2+(1-\lambda)p|\boldsymbol{A}-(1-q)\boldsymbol{B}|^2\,.\end{aligned}$$

所以，不等式（2.11）成立.

由$1<p\leqslant 2$可知$q\geqslant 2$，于是可得$\dfrac{1}{p-1}\geqslant 1$及$\dfrac{1}{q-1}\leqslant 1$. 现在证明式（2.12）中的第二个不等式，由式（2.9），有

$$\begin{aligned}p|\boldsymbol{A}|^2+q|\boldsymbol{B}|^2&\geqslant|\boldsymbol{A}-\boldsymbol{B}|^2+\lambda|(p-1)\boldsymbol{A}+\boldsymbol{B}|^2+\frac{1-\lambda}{q-1}|\boldsymbol{A}+(q-1)\boldsymbol{B}|^2\\&=|\boldsymbol{A}-\boldsymbol{B}|^2+\lambda|(p-1)\boldsymbol{A}+\boldsymbol{B}|^2+\frac{1-\lambda}{p-1}|(p-1)\boldsymbol{A}+\boldsymbol{B}|^2\\&=|\boldsymbol{A}-\boldsymbol{B}|^2+\left(\lambda+\frac{1-\lambda}{p-1}\right)|(p-1)\boldsymbol{A}+\boldsymbol{B}|^2\\&=|\boldsymbol{A}-\boldsymbol{B}|^2+[(q-1)(1-\lambda)+\lambda]|(1-p)\boldsymbol{A}-\boldsymbol{B}|^2\,.\end{aligned}$$

这就是式（2.12）中的第二个不等式. 同样，由式（2.9），也有

$$\begin{aligned}p|\boldsymbol{A}|^2+q|\boldsymbol{B}|^2&\leqslant|\boldsymbol{A}-\boldsymbol{B}|^2+\frac{\lambda}{p-1}|(p-1)\boldsymbol{A}+\boldsymbol{B}|^2+(1-\lambda)|\boldsymbol{A}+(q-1)\boldsymbol{B}|^2\\&=|\boldsymbol{A}-\boldsymbol{B}|^2+\frac{\lambda}{q-1}|\boldsymbol{A}+(q-1)\boldsymbol{B}|^2+(1-\lambda)|\boldsymbol{A}+(q-1)\boldsymbol{B}|^2\end{aligned}$$

$$=|\boldsymbol{A}-\boldsymbol{B}|^2+\left(\frac{\lambda}{q-1}+1-\lambda\right)|\boldsymbol{A}+(q-1)\boldsymbol{B}|^2$$

$$=|\boldsymbol{A}-\boldsymbol{B}|^2+[(p-1)\lambda+1-\lambda]|\boldsymbol{A}-(1-q)\boldsymbol{B}|^2.$$

这就是式（2.12）中第三个不等式. 接下来证明式（2.12）中的第一个不等式. 简单计算可知

$$\begin{aligned}&|(1-p)\boldsymbol{A}-\boldsymbol{B}|^2-[(q-1)(1-\lambda)+\lambda]|(1-p)\boldsymbol{A}-\boldsymbol{B}|^2\\&=(1-\lambda)(2-q)|(1-p)\boldsymbol{A}-\boldsymbol{B}|^2\\&\leqslant 0.\end{aligned}$$

于是

$$|\boldsymbol{A}-\boldsymbol{B}|^2+|(1-p)\boldsymbol{A}-\boldsymbol{B}|^2\leqslant|\boldsymbol{A}-\boldsymbol{B}|^2+[(q-1)(1-\lambda)+\lambda]|(1-p)\boldsymbol{A}-\boldsymbol{B}|^2.$$

最后，给出式（2.12）中第四个不等式的证明. 同样，简单计算可知

$$\begin{aligned}&|\boldsymbol{A}-(1-q)\boldsymbol{B}|^2-[(p-1)\lambda+1-\lambda]|\boldsymbol{A}-(1-q)\boldsymbol{B}|^2\\&=\lambda(2-p)|\boldsymbol{A}-(1-q)\boldsymbol{B}|^2\\&\geqslant 0.\end{aligned}$$

所以

$$|\boldsymbol{A}-\boldsymbol{B}|^2+[(p-1)\lambda+1-\lambda]|\boldsymbol{A}-(1-q)\boldsymbol{B}|^2\leqslant|\boldsymbol{A}-\boldsymbol{B}|^2+|\boldsymbol{A}-(1-q)\boldsymbol{B}|^2.$$

类似于$1<p\leqslant 2$，可以证明不等式（2.13），所以，在这里略去它的证明过程，这样就完成了整个定理的证明.

注 2.2.3 利用不等式（2.3）～不等式（2.5），Cheung 和 Pečarić 在文献[77]中得到几个算子 Bohr 型不等式，若利用不等式（2.11）～不等式（2.13），则可以改进他们所得的结果. 同样，利用不等式（2.3）～不等式（2.5），Chansangiam、Hemchote 和 Pantaragphong 在文献[79]中得到算子 Bohr 不等式的几个推广，若利用不等式（2.11）～不等式（2.13），则可以改进他们所得的结果.

接下来，给出不等式（2.6）的一个改进.

定理 2.2.2 设 $A_j\in\boldsymbol{B}(H), j=1,2,\cdots,k,\ k\in Z$，则对于任意的满足$\sum_{j=1}^{k}t_j=1,t_j\neq 1$的非负实数$t_1,\cdots,t_k$以及任意的$1\leqslant i\leqslant k$，有

$$\left|\sum_{j=1}^{k}t_j\boldsymbol{A}_j\right|^2+\frac{1}{2}\min\{t_i,1-t_i\}\left|\boldsymbol{A}_i-\sum_{j=1,j\neq i}^{k}\frac{t_j}{1-t_i}\boldsymbol{A}_j\right|^2\leqslant\sum_{j=1}^{k}t_j|\boldsymbol{A}_j|^2.$$

证明：对于 $0\leqslant\alpha\leqslant 1$，由式（2.10），有

$$|\alpha \boldsymbol{A}+(1-\alpha)\boldsymbol{B}|^2+\frac{1}{2}\min\{\alpha,1-\alpha\}|\boldsymbol{A}-\boldsymbol{B}|^2\leqslant\alpha|\boldsymbol{A}|^2+(1-\alpha)|\boldsymbol{B}|^2. \qquad (2.14)$$

注意到

$$|t_1\boldsymbol{A}_1+\cdots+t_k\boldsymbol{A}_k|^2=\left|t_i\boldsymbol{A}_i+(1-t_i)\sum_{j=1,j\neq i}^{k}\frac{t_j}{1-t_i}\boldsymbol{A}_j\right|^2,\ 1\leqslant i\leqslant k.$$

由式（2.6）和式（2.14）可知，对于任意的 $1\leqslant i\leqslant k$，有

$$\begin{aligned}
&|t_1\boldsymbol{A}_1+\cdots+t_k\boldsymbol{A}_k|^2+\frac{1}{2}\min\{t_i,1-t_i\}\left|\boldsymbol{A}_i-\sum_{j=1,j\neq i}^{k}\frac{t_j}{1-t_i}\boldsymbol{A}_j\right|^2\\
&=\left|t_i\boldsymbol{A}_i+(1-t_i)\sum_{j=1,j\neq i}^{k}\frac{t_j}{1-t_i}\boldsymbol{A}_j\right|^2\\
&\quad+\frac{1}{2}\min\{t_i,1-t_i\}\left|\boldsymbol{A}_i-\sum_{j=1,j\neq i}^{k}\frac{t_j}{1-t_i}\boldsymbol{A}_j\right|^2\\
&\leqslant t_i|\boldsymbol{A}_i|^2+(1-t_i)\left|\sum_{j=1,j\neq i}^{k}\frac{t_j}{1-t_i}\boldsymbol{A}_j\right|^2\\
&\leqslant t_1|\boldsymbol{A}_1|^2+\cdots+t_k|\boldsymbol{A}_k|^2.
\end{aligned}$$

于是

$$\left|\sum_{j=1}^{k}t_j\boldsymbol{A}_j\right|^2+\frac{1}{2}\min\{t_i,1-t_i\}\left|\boldsymbol{A}_i-\sum_{j=1,j\neq i}^{k}\frac{t_j}{1-t_i}\boldsymbol{A}_j\right|^2\leqslant\sum_{j=1}^{k}t_j|\boldsymbol{A}_j|^2.$$

这就完成了定理的证明.

下面给出两个关于多个算子的不等式，我们的结果类似于不等式（2.7）和不等式（2.8）. 设 $k\in\boldsymbol{Z}$，对于任意的 $\beta_j\in\boldsymbol{R},1\leqslant j\leqslant k$ 以及满足 $\sum_{j=1}^{k}\alpha_j=1,\alpha_j\neq 1$ 的非负实数 $\alpha_1,\cdots,\alpha_k$，定义 $Y=[y_{js}]\in M_k$，其中

$$y_{js}=\begin{cases}\alpha_j^2-(1-\alpha_i)\beta_j, & j=s\\ \alpha_j\alpha_s, & j\neq s\end{cases},\quad 1\leqslant j,s\leqslant k,i\neq j.$$

定理 2.2.3　设 $\boldsymbol{A}_j\in\boldsymbol{B}(H),j=1,2,\cdots,k$，若 $\boldsymbol{Y}\leqslant 0$，则对于任意的 $1\leqslant i\leqslant k$，有

$$\left|\sum_{j=1}^{k}\alpha_j\boldsymbol{A}_j\right|^2+\frac{1}{2}\min\{\alpha_i,1-\alpha_i\}\left|\boldsymbol{A}_i-\sum_{j=1,j\neq i}^{k}\frac{\alpha_j}{1-\alpha_i}\boldsymbol{A}_j\right|^2\leqslant\alpha_i\,|\boldsymbol{A}_i|^2+\sum_{j=1,j\neq i}^{k}\beta_j\,|\boldsymbol{A}_j|^2 .$$

证明：因为 $-\boldsymbol{Y}\geqslant 0$，所以 $-\boldsymbol{Z}=\dfrac{-\boldsymbol{Y}}{(1-\alpha_i)^2}\geqslant 0$，于是 $Z_{ii}\leqslant 0$. 由不等式（2.7）和不等式（2.14）可得，对于任意的 $1\leqslant i\leqslant k$，有

$$\begin{aligned}\alpha_i\,|\boldsymbol{A}_i|^2+(1-\alpha_i)\sum_{j=1,j\neq i}^{k}\frac{\beta_j}{1-\alpha_i}|\boldsymbol{A}_j|^2&\geqslant\alpha_i\,|\boldsymbol{A}_i|^2+(1-\alpha_i)\left|\sum_{j=1,j\neq i}^{k}\frac{\alpha_j}{1-\alpha_i}\boldsymbol{A}_j\right|^2\\&\geqslant\left|\alpha_i\boldsymbol{A}_i+(1-\alpha_i)\sum_{j=1,j\neq i}^{k}\frac{\alpha_j}{1-\alpha_i}\boldsymbol{A}_j\right|^2\\&\quad+\frac{1}{2}\min\{\alpha_i,1-\alpha_i\}\left|\boldsymbol{A}_i-\sum_{j=1,j\neq i}^{k}\frac{\alpha_j}{1-\alpha_i}\boldsymbol{A}_j\right|^2\\&=\left|\sum_{j=1}^{k}\alpha_j\boldsymbol{A}_j\right|^2+\frac{1}{2}\min\{\alpha_i,1-\alpha_i\}\left|\boldsymbol{A}_i-\sum_{j=1,j\neq i}^{k}\frac{\alpha_j}{1-\alpha_i}\boldsymbol{A}_j\right|^2 .\end{aligned}$$

这就完成了定理的证明.

定理 2.2.4 设 $\boldsymbol{A}_j\in\boldsymbol{B}(H),j=1,2,\cdots,k$，若 $\boldsymbol{Y}\geqslant 0$，则对于任意的 $1\leqslant i\leqslant k$，有

$$\left|\sum_{j=1}^{k}\alpha_j\boldsymbol{A}_j\right|^2+\min\{\alpha_i,1-\alpha_i\}\left|\boldsymbol{A}_i-\sum_{j=1,j\neq i}^{k}\frac{\alpha_j}{1-\alpha_i}\boldsymbol{A}_j\right|^2\geqslant\alpha_i\,|\boldsymbol{A}_i|^2+\sum_{j=1,j\neq i}^{k}\beta_j\,|\boldsymbol{A}_j|^2 .$$

证明：由式（2.10）可知，对于 $0\leqslant\alpha\leqslant 1$，有

$$\alpha\,|\boldsymbol{A}|^2+(1-\alpha)\,|\boldsymbol{B}|^2\leqslant|\alpha\boldsymbol{A}+(1-\alpha)\boldsymbol{B}|^2+\min\{\alpha,1-\alpha\}\,|\boldsymbol{A}-\boldsymbol{B}|^2. \quad (2.15)$$

因为 $\boldsymbol{Y}\geqslant 0$，所以 $\boldsymbol{Z}=\dfrac{\boldsymbol{Y}}{(1-\alpha_i)^2}\geqslant 0$，于是 $Z_{ii}\geqslant 0$. 由不等式（2.8）和不等式（2.15）可得，对于任意的 $1\leqslant i\leqslant k$，有

$$\begin{aligned}\alpha_i\,|\boldsymbol{A}_i|^2+(1-\alpha_i)\sum_{j=1,j\neq i}^{k}\frac{\beta_j}{1-\alpha_i}|\boldsymbol{A}_j|^2&\leqslant\alpha_i\,|\boldsymbol{A}_i|^2+(1-\alpha_i)\left|\sum_{j=1,j\neq i}^{k}\frac{\alpha_j}{1-\alpha_i}\boldsymbol{A}_j\right|^2\\&\leqslant\left|\alpha_i\boldsymbol{A}_i+(1-\alpha_i)\sum_{j=1,j\neq i}^{k}\frac{\alpha_j}{1-\alpha_i}\boldsymbol{A}_j\right|^2\end{aligned}$$

$$+\min\{\alpha_i,1-\alpha_i\}\left|\boldsymbol{A}_i-\sum_{j=1,j\neq i}^{k}\frac{\alpha_j}{1-\alpha_i}\boldsymbol{A}_j\right|^2$$

$$=\left|\sum_{j=1}^{k}\alpha_j\boldsymbol{A}_j\right|^2+\min\{\alpha_i,1-\alpha_i\}\left|\boldsymbol{A}_i-\sum_{j=1,j\neq i}^{k}\frac{\alpha_j}{1-\alpha_i}\boldsymbol{A}_j\right|^2.$$

这就完成了定理的证明.

注 2.2.4 作为定理 2.2.2 和定理 2.2.4 的一个运用，可以得到一个新的关于多个算子的不等式. 事实上，由定理 2.2.2 和定理 2.2.4，有

$$\alpha_i|\boldsymbol{A}_i|^2+\sum_{j=1,j\neq i}^{k}\beta_j|\boldsymbol{A}_j|^2\leqslant\sum_{j=1}^{k}\alpha_j|\boldsymbol{A}_j|^2+\frac{1}{2}\min\{\alpha_i,1-\alpha_i\}\left|\boldsymbol{A}_i-\sum_{j=1,j\neq i}^{k}\frac{\alpha_j}{1-\alpha_i}\boldsymbol{A}_j\right|^2,$$

它等价于

$$\sum_{j=1,j\neq i}^{k}\beta_j|\boldsymbol{A}_j|^2\leqslant\sum_{j=1,j\neq i}^{k}\alpha_j|\boldsymbol{A}_j|^2+\frac{1}{2}\min\{\alpha_i,1-\alpha_i\}\left|\boldsymbol{A}_i-\sum_{j=1,j\neq i}^{k}\frac{\alpha_j}{1-\alpha_i}\boldsymbol{A}_j\right|^2.$$

这个不等式也类似于不等式（2.8）.

对于定理 2.2.1～定理 2.2.4 中的结果，当退化到标量的情形，我们的结果也是经典 Bohr 不等式的改进和推广.

2.3 算子 Dunkl-Williams 型不等式

2010 年，Pečarić 和 Rajić 在文献[39]中得到 Dunkl-Williams 不等式的一个改进：对于赋范线性空间 V 中任意非零元 x,y，

$$\left\|\frac{x}{\|x\|}-\frac{y}{\|y\|}\right\|\leqslant\frac{\sqrt{2\|x-y\|^2+2(\|x\|-\|y\|)^2}}{\max\{\|x\|,\|y\|\}}.\qquad(2.16)$$

同时，他们还得到不等式（2.16）的算子版本：设 $\boldsymbol{A},\boldsymbol{B}\in\boldsymbol{B}(H)$，且 $|\boldsymbol{A}|,|\boldsymbol{B}|$ 可逆，则

$$|\boldsymbol{A}|\boldsymbol{A}|^{-1}-\boldsymbol{B}|\boldsymbol{B}|^{-1}|\leqslant[|\boldsymbol{A}|^{-1}(2|\boldsymbol{A}-\boldsymbol{B}|^2+2(|\boldsymbol{A}|-|\boldsymbol{B}|)^2)|\boldsymbol{A}|^{-1}]^{1/2}.$$

设 $\boldsymbol{A},\boldsymbol{B}\in\boldsymbol{B}(H)$，且 $\boldsymbol{A}=\boldsymbol{U}|\boldsymbol{A}|,\boldsymbol{B}=\boldsymbol{V}|\boldsymbol{B}|$ 为其极分解. 同年，Saito 和 Tominaga 在文献[84]中推广了 Pečarić 和 Rajić 的结果，他们证明，若 $p,q>1$，则

$$|(U-V)|A||^2 \leqslant p|A-B|^2 + q(|A|-|B|)^2. \tag{2.17}$$

利用前面得到的算子 Bohr 型不等式，可以改进 Saito 和 Tominaga 的结果，同时我们还得到$|(U-V)|A||^2$的下界估计.

定理 2.3.1 设 $A,B\in B(H)$，且 $A=U|A|, B=V|B|$为其极分解. 若 $p,q>1$，则

$$|(U-V)|A||^2 \leqslant |A-B|^2 + (|A|-|B|)^2 - (T+T^*) \leqslant p|A-B|^2 + q(|A|-|B|)^2, \tag{2.18}$$

其中，

$$T=(|A|-|B|)V^*(A-B).$$

证明：因为$V^*V\leqslant I$，所以有

$$\begin{aligned}|(U-V)|A||^2 &= |A-B-V(|A|-|B|)|^2\\ &= |A-B|^2 + |V(|A|-|B|)|^2 - (T+T^*)\\ &= |A-B|^2 + ||A|-|B||V^*V(|A|-|B|) - (T+T^*)\\ &\leqslant |A-B|^2 + (|A|-|B|)^2 - (T+T^*).\end{aligned}$$

这就证明了不等式（2.18）的第一部分. 接下来证明不等式（2.18）的第二部分，简单计算可知

$$\frac{q}{p}=q-1,\quad \frac{p}{q}=p-1.$$

于是，有

$$\begin{aligned}&p|A-B|^2 + q(|A|-|B|)^2 - [|A-B|^2 + (|A|-|B|)^2 - (T+T^*)]\\ &= (p-1)|A-B|^2 + (q-1)(|A|-|B|)^2 + (T+T^*)\\ &\geqslant (p-1)|A-B|^2 + (q-1)|V(|A|-|B|)|^2 + (T+T^*)\\ &= |\sqrt{p-1}(A-B) + \sqrt{q-1}V(|A|-|B|)|^2\\ &\geqslant 0.\end{aligned}$$

这就完成了证明.

注 2.3.1 在不等式（2.18）中，交换算子 A,B 的位置，可得

$$|(U-V)|B||^2 \leqslant |A-B|^2 + (|A|-|B|)^2 - (T+T^*) \leqslant p|A-B|^2 + q(|A|-|B|)^2,$$

其中，

$$T=(|A|-|B|)V^*(A-B).$$

接下来再给出不等式（2.17）的一个改进，在给出我们的结果之前，需要给出下面的引理.

引理 2.3.1　设 $\boldsymbol{A},\boldsymbol{B}\in\boldsymbol{B}(H)$，若 $1<p\leqslant 2$，则

$$|\boldsymbol{A}-\boldsymbol{B}|^2+\frac{2}{p}|(p-1)\boldsymbol{A}+\boldsymbol{B}|^2\leqslant p|\boldsymbol{A}|^2+q|\boldsymbol{B}|^2\leqslant|\boldsymbol{A}-\boldsymbol{B}|^2+\frac{2}{q}|\boldsymbol{A}+(q-1)\boldsymbol{B}|^2.\quad(2.19)$$

若 $p>2$，则

$$|\boldsymbol{A}-\boldsymbol{B}|^2+\frac{2}{q}|\boldsymbol{A}+(q-1)\boldsymbol{B}|^2\leqslant p|\boldsymbol{A}|^2+q|\boldsymbol{B}|^2\leqslant|\boldsymbol{A}-\boldsymbol{B}|^2+\frac{2}{p}|(p-1)\boldsymbol{A}+\boldsymbol{B}|^2.\quad(2.20)$$

证明：在定理 2.2.1 中，令

$$\lambda=\frac{q-2}{q-p}$$

即可得证. 在这里，我们还给出一种证明方法. 对于 $\alpha\neq 0,1$，式（2.10）等价于

$$\frac{1}{1-\alpha}|\boldsymbol{A}|^2+\frac{1}{\alpha}|\boldsymbol{B}|^2=|\boldsymbol{A}-\boldsymbol{B}|^2+\frac{\alpha}{1-\alpha}\left|\boldsymbol{A}+\frac{1-\alpha}{\alpha}\boldsymbol{B}\right|^2.$$

同时，式（2.10）也等价于

$$\frac{1}{1-\alpha}|\boldsymbol{A}|^2+\frac{1}{\alpha}|\boldsymbol{B}|^2=|\boldsymbol{A}-\boldsymbol{B}|^2+\frac{1-\alpha}{\alpha}\left|\frac{\alpha}{1-\alpha}\boldsymbol{A}+\boldsymbol{B}\right|^2.$$

于是，有：若 $0<\alpha\leqslant\frac{1}{2}$，则

$$|\boldsymbol{A}-\boldsymbol{B}|^2+2(1-\alpha)\left|\frac{\alpha}{1-\alpha}\boldsymbol{A}+\boldsymbol{B}\right|^2\leqslant\frac{1}{1-\alpha}|\boldsymbol{A}|^2+\frac{1}{\alpha}|\boldsymbol{B}|^2\leqslant|\boldsymbol{A}-\boldsymbol{B}|^2+2\alpha\left|\boldsymbol{A}+\frac{1-\alpha}{\alpha}\boldsymbol{B}\right|^2.$$

若 $\frac{1}{2}<\alpha<1$，则

$$|\boldsymbol{A}-\boldsymbol{B}|^2+2\alpha\left|\boldsymbol{A}+\frac{1-\alpha}{\alpha}\boldsymbol{B}\right|^2\leqslant\frac{1}{1-\alpha}|\boldsymbol{A}|^2+\frac{1}{\alpha}|\boldsymbol{B}|^2\leqslant|\boldsymbol{A}-\boldsymbol{B}|^2+2(1-\alpha)\left|\frac{\alpha}{1-\alpha}\boldsymbol{A}+\boldsymbol{B}\right|^2.$$

令

$$p=\frac{1}{1-\alpha},\quad q=\frac{1}{\alpha}.$$

则可知，上面两个不等式等价于：若 $1<p\leqslant 2$，则

$$|\boldsymbol{A}-\boldsymbol{B}|^2+\frac{2}{p}|(p-1)\boldsymbol{A}+\boldsymbol{B}|^2\leqslant p|\boldsymbol{A}|^2+q|\boldsymbol{B}|^2\leqslant|\boldsymbol{A}-\boldsymbol{B}|^2+\frac{2}{q}|\boldsymbol{A}+(q-1)\boldsymbol{B}|^2.$$

若 $p>2$，则

$$|A-B|^2+\frac{2}{q}|A+(q-1)B|^2\leqslant p|A|^2+q|B|^2\leqslant|A-B|^2+\frac{2}{p}|(p-1)A+B|^2.$$

这就完成了证明.

定理 2.3.2 设 $A,B\in B(H)$，且 $A=U|A|$， $B=V|B|$为其极分解. 若 $1<p\leqslant 2$，则

$$|(U-V)|A||^2+\frac{2}{p}|(1-p)(A-B)-V(|A|-|B|)|^2\leqslant p|A-B|^2+q(|A|-|B|)^2.$$

若 $p>2$，则

$$|(U-V)|A||^2+\frac{2}{q}|A-B-(1-q)V(|A|-|B|)|^2\leqslant p|A-B|^2+q(|A|-|B|)^2.$$

证明：当$1<p\leqslant 2$时，将不等式（2.19）的第一部分运用到算子 $A-B$ 以及$V(|A|-|B|)$上，有

$$\begin{aligned}p|A-B|^2+q(|A|-|B|)^2&\geqslant p|A-B|^2+q|V(|A|-|B|)|^2\\&\geqslant|A-B-V(|A|-|B|)|^2+\frac{2}{p}|(1-p)(A-B)-V(|A|-|B|)|^2\\&=|(U-V)|A||^2+\frac{2}{p}|(1-p)(A-B)-V(|A|-|B|)|^2.\end{aligned}$$

当 $p>2$ 时，将不等式（2.20）的第一部分运用到算子 $A-B$ 以及 $V(|A|-|B|)$上，有

$$\begin{aligned}p|A-B|^2+q(|A|-|B|)^2&\geqslant p|A-B|^2+q|V(|A|-|B|)|^2\\&\geqslant|A-B-V(|A|-|B|)|^2+\frac{2}{q}|(A-B)-(1-q)V(|A|-|B|)|^2\\&=|(U-V)|A||^2+\frac{2}{q}|(A-B)-(1-q)V(|A|-|B|)|^2.\end{aligned}$$

这就完成了证明.

注 2.3.2 在定理 2.3.2 中，交换算子 A,B 的位置，有：若$1<p\leqslant 2$，则

$$|(U-V)|B||^2+\frac{2}{p}|(1-p)(A-B)-V(|A|-|B|)|^2\leqslant p|A-B|^2+q(|A|-|B|)^2.$$

若 $p>2$，则

$$|(U-V)|B||^2+\frac{2}{q}|A-B-(1-q)V(|A|-|B|)|^2\leqslant p|A-B|^2+q(|A|-|B|)^2.$$

注 2.3.3　容易知道，定理 2.3.1 和定理 2.3.2 都是不等式（2.17）的改进，一个自然的问题是：这两个定理间有什么关系呢？我们可能会提出如下问题：下面两个不等式之一是否成立呢？

$$|A-B|^2+(|A|-|B|)^2-(T+T^*)\leqslant|(U-V)|A||^2+\frac{2}{p}|(1-p)(A-B)-V(|A|-|B|)|^2.$$

$$|A-B|^2+(|A|-|B|)^2-(T+T^*)\geqslant|(U-V)|A||^2+\frac{2}{p}|(1-p)(A-B)-V(|A|-|B|)|^2.$$

答案是否定的. 事实上，可以找到算子 A,B，使得

$$p(A-B)=qV(|B|-|A|).$$

由定理 2.3.1 可知，上面的第一个不等式不成立. 另一方面，我们知道上面的第二个不等式等价于

$$(|A|-|B|)^2-(|A|-|B|)V^*V(|A|-|B|)\geqslant\frac{2}{p}|(1-p)(A-B)-V(|A|-|B|)|^2.$$

现假设 H 是一个二维的 Hilbert 空间且矩阵

$$X=\begin{bmatrix}2&0\\0&2\end{bmatrix},\quad Y=\begin{bmatrix}1&0\\0&1\end{bmatrix}$$

是算子 A,B 在某组标准正交基下的矩阵表示. 于是

$$(|A|-|B|)^2-(|A|-|B|)V^*V(|A|-|B|)=0,$$

$$\frac{2}{p}|(1-p)(A-B)-V(|A|-|B|)|^2=2p\begin{bmatrix}1&0\\0&1\end{bmatrix}.$$

由此可知，上面的第二个不等式不成立.

作为本节的结束，我们给出 $|(U-V)|A||^2$ 的下界估计.

定理 2.3.3　设 $A,B\in B(H)$，且 $A=U|A|$，$B=V|B|$ 为其极分解. 若 $1<p\leqslant 2$，则

$$p|A-B|^2+q|V(|A|-|B|)|^2-\frac{2}{q}|A-B+(q-1)V(|A|-|B|)|^2\leqslant|(U-V)|A||^2.$$

若 $p>2$，则

$$p|A-B|^2+q|V(|A|-|B|)|^2-\frac{2}{p}|(p-1)(A-B)+V(|A|-|B|)|^2\leqslant|(U-V)|A||^2.$$

证明：当 $1<p\leqslant 2$ 时，将不等式（2.19）的第二部分运用到算子 $A-B$ 以及 $V(|A|-|B|)$ 上，有

$$p|\boldsymbol{A}-\boldsymbol{B}|^2+q|\boldsymbol{V}(|\boldsymbol{A}|-|\boldsymbol{B}|)|^2 \leqslant |\boldsymbol{A}-\boldsymbol{B}-\boldsymbol{V}(|\boldsymbol{A}|-|\boldsymbol{B}|)|^2+\frac{2}{q}|\boldsymbol{A}-\boldsymbol{B}+(q-1)\boldsymbol{V}(|\boldsymbol{A}|-|\boldsymbol{B}|)|^2$$

$$=|(\boldsymbol{U}-\boldsymbol{V})|\boldsymbol{A}||^2+\frac{2}{q}|\boldsymbol{A}-\boldsymbol{B}+(q-1)\boldsymbol{V}(|\boldsymbol{A}|-|\boldsymbol{B}|)|^2 .$$

于是

$$p|\boldsymbol{A}-\boldsymbol{B}|^2+q|\boldsymbol{V}(|\boldsymbol{A}|-|\boldsymbol{B}|)|^2-\frac{2}{q}|\boldsymbol{A}-\boldsymbol{B}+(q-1)\boldsymbol{V}(|\boldsymbol{A}|-|\boldsymbol{B}|)|^2 \leqslant |(\boldsymbol{U}-\boldsymbol{V})|\boldsymbol{A}||^2 .$$

当 $p>2$ 时，将不等式（2.20）的第二部分运用到算子 $\boldsymbol{A}-\boldsymbol{B}$ 以及 $\boldsymbol{V}(|\boldsymbol{A}|-|\boldsymbol{B}|)$ 上，有

$$p|\boldsymbol{A}-\boldsymbol{B}|^2+q|\boldsymbol{V}(|\boldsymbol{A}|-|\boldsymbol{B}|)|^2 \leqslant |\boldsymbol{A}-\boldsymbol{B}-\boldsymbol{V}(|\boldsymbol{A}|-|\boldsymbol{B}|)|^2+\frac{2}{p}|\boldsymbol{A}-\boldsymbol{B}+(q-1)\boldsymbol{V}(|\boldsymbol{A}|-|\boldsymbol{B}|)|^2$$

$$=|(\boldsymbol{U}-\boldsymbol{V})|\boldsymbol{A}||^2+\frac{2}{p}|\boldsymbol{A}-\boldsymbol{B}+(q-1)\boldsymbol{V}(|\boldsymbol{A}|-|\boldsymbol{B}|)|^2 .$$

所以

$$p|\boldsymbol{A}-\boldsymbol{B}|^2+q|\boldsymbol{V}(|\boldsymbol{A}|-|\boldsymbol{B}|)|^2-\frac{2}{p}|(p-1)(\boldsymbol{A}-\boldsymbol{B})+\boldsymbol{V}(|\boldsymbol{A}|-|\boldsymbol{B}|)|^2 \leqslant |(\boldsymbol{U}-\boldsymbol{V})|\boldsymbol{A}||^2 .$$

这就完成了证明.

2.4 Tsallis 相对算子熵

熵的概念最早起源于物理学，用于度量一个热力学系统的无序程度. 在信息论中，熵是对不确定性的测量，在信息世界里，熵越高，则能传输越多的信息，熵越低，则意味着传输的信息越少.

离散型随机变量 $X=\{x_1,\cdots,x_n\}$ 的熵 H 定义为

$$H(X)=E(I(X)),$$

其中，E 代表期望函数，而 $I(X)$ 是 X 的信息量，$I(X)$ 本身是个随机变量. 如果 p 代表 X 的机率质量函数，则熵的公式可以表示为

$$H(X)=\sum_{i=1}^{n} p(x_i)I(x_i)=-\sum_{i=1}^{n} p(x_i)\log_b p(x_i) .$$

作为香农熵的推广，Tsallis 在文献[85]中提出了具有非广延性的 Tsallis

熵. 从 Tsallis 理论提出开始，就一直存在激烈的争论，2000 年以来，越来越多的研究证实了从 Tsallis 熵推导出来的预测和结果. Tsallis 熵对信息的度量更具一般性和灵活性，现在，Tsallis 熵以其特有的性质在多个领域得到广泛应用，如图像匹配、图像阈值分割、图像去噪[86].

近年来,人们开始关注相对算子熵和 Tsallis 相对算子熵. 设 $\boldsymbol{A},\boldsymbol{B}\in \boldsymbol{B}(H)$ 为可逆正算子，且 $\lambda\in(0,1]$，相对算子熵 $S(\boldsymbol{A}|\boldsymbol{B})$ 和 Tsallis 相对算子熵 $T_\lambda(\boldsymbol{A}|\boldsymbol{B})$ 定义为

$$S(\boldsymbol{A}|\boldsymbol{B})=\boldsymbol{A}^{1/2}\log(\boldsymbol{A}^{-1/2}\boldsymbol{B}\boldsymbol{A}^{-1/2})\boldsymbol{A}^{1/2},$$

$$T_\lambda(\boldsymbol{A}|\boldsymbol{B})=\frac{\boldsymbol{A}\#_\lambda\boldsymbol{B}-\boldsymbol{A}}{\lambda},$$

其中，

$$\boldsymbol{A}\#_\lambda\boldsymbol{B}=\boldsymbol{A}^{1/2}(\boldsymbol{A}^{-1/2}\boldsymbol{B}\boldsymbol{A}^{-1/2})^\lambda\boldsymbol{A}^{1/2}$$

为算子 $\boldsymbol{A}$ 和 $\boldsymbol{B}$ 的加权几何均值. 当 $\lambda=\dfrac{1}{2}$ 时，就是算子 $\boldsymbol{A}$ 和 $\boldsymbol{B}$ 的几何均值，记为 $\boldsymbol{A}\#\boldsymbol{B}$. 关于算子和矩阵均值更多的性质和结果，有兴趣的读者可参见文献[87]. 因为

$$\lim_{\lambda\to0}T_\lambda(\boldsymbol{A}|\boldsymbol{B})=S(\boldsymbol{A}|\boldsymbol{B}),$$

所以 Tsallis 相对算子熵 $T_\lambda(\boldsymbol{A}|\boldsymbol{B})$ 是相对算子熵 $S(\boldsymbol{A}|\boldsymbol{B})$ 的推广. Tsallis 相对算子熵是 Yanagi、Kuriyama 和 Furuichi 在文献[88]中提出的，相对算子熵的概念的出现则归功于 Fujii 和 Kamei[89].

Furuichi、Yanagi 和 Kuriyama 在文献[90]中得到如下不等式

$$T_{-\lambda}(\boldsymbol{A}|\boldsymbol{B})\leqslant S(\boldsymbol{A}|\boldsymbol{B})\leqslant T_\lambda(\boldsymbol{A}|\boldsymbol{B}),\tag{2.21}$$

$$\boldsymbol{A}-\boldsymbol{A}\boldsymbol{B}^{-1}\boldsymbol{A}\leqslant T_\lambda(\boldsymbol{A}|\boldsymbol{B})\leqslant\boldsymbol{B}-\boldsymbol{A}.\tag{2.22}$$

同时，他们也证明，若 $a>0$，则

$$\boldsymbol{A}\#_\lambda\boldsymbol{B}-\frac{1}{a}\boldsymbol{A}\#_{\lambda-1}\boldsymbol{B}+\frac{1-a^\lambda}{\lambda a^\lambda}\boldsymbol{A}\leqslant T_\lambda(\boldsymbol{A}|\boldsymbol{B})\leqslant\frac{1}{a}\boldsymbol{B}-\frac{1-a^\lambda}{\lambda a^\lambda}\boldsymbol{A}\#_\lambda\boldsymbol{B}-\boldsymbol{A}.\tag{2.23}$$

在不等式（2.23）中，令 $\lambda\to0$，则有

$$(1-\log a)\boldsymbol{A}-\frac{1}{a}\boldsymbol{A}\boldsymbol{B}^{-1}\boldsymbol{A}\leqslant S(\boldsymbol{A}|\boldsymbol{B})\leqslant(\log a-1)\boldsymbol{A}+\frac{1}{a}\boldsymbol{B}.\tag{2.24}$$

不等式（2.23）的得出归功于 Furuta[91]，也可参见 Furuta 教授的专著[92]. 不等式（2.24）是如下不等式的推广

$$A-AB^{-1}A\leqslant S(A\,|\,B)\leqslant B-A. \tag{2.25}$$

这个不等式由 Fujii 和 Kamei 在文献[93]中给出. 关于更多的相对熵、Tsallis 相对熵、相对算子熵以及 Tsallis 相对算子熵的性质或不等式，可参见文献[94-96].

仔细观察不等式（2.21）、不等式（2.22）和不等式（2.25），一个自然的问题是：$T_{-\lambda}(A\,|\,B)$ 和 $A-AB^{-1}A$ 之间的关系是怎样的呢？我们有下面的结果.

定理 2.4.1 设 $A,B\in B(H)$ 为可逆正算子，若 $a>0$，$\lambda\in(0,1]$，则

$$A-\frac{1}{a}AB^{-1}A+\frac{1-a^{\lambda}}{\lambda a^{\lambda}}A\leqslant a^{-\lambda}T_{-\lambda}(A\,|\,B).$$

证明：因为 $a,x>0$，$\lambda\in(0,1]$，所以

$$1-\frac{1}{ax}\leqslant a^{-\lambda}\frac{x^{-\lambda}-1}{-\lambda}-\frac{1-a^{\lambda}}{\lambda a^{\lambda}},x>0,$$

因此

$$I-\frac{1}{a}A^{1/2}B^{-1}A^{1/2}\leqslant a^{-\lambda}\frac{(A^{-1/2}BA^{-1/2})^{-\lambda}-I}{-\lambda}-\frac{1-a^{\lambda}}{\lambda a^{\lambda}}I.$$

上式两边同时乘以 $A^{1/2}$，有

$$A-\frac{1}{a}AB^{-1}A\leqslant a^{-\lambda}\frac{A^{1/2}(A^{-1/2}BA^{-1/2})^{-\lambda}A^{1/2}-A}{-\lambda}-\frac{1-a^{\lambda}}{\lambda a^{\lambda}}A.$$

这就完成了证明.

注 2.4.1 在定理 2.4.1 中，令 $a=1$，有

$$A-AB^{-1}A\leqslant T_{-\lambda}(A\,|\,B).$$

于是，由不等式（2.21）和不等式（2.22），可得

$$A-AB^{-1}A\leqslant T_{-\lambda}(A\,|\,B)\leqslant S(A\,|\,B)\leqslant T_{\lambda}(A\,|\,B)\leqslant B-A. \tag{2.26}$$

接下来，我们将给出不等式（2.21）的一个推广.

定理 2.4.2 设 $A,B\in B(H)$ 为可逆正算子，若 $a>0$，$\lambda\in(0,1]$，则

$$-\left(\log a+\frac{1-a^{\lambda}}{\lambda a^{\lambda}}\right)A+a^{-\lambda}T_{-\lambda}(A\,|\,B)\leqslant S(A\,|\,B)$$

$$\leqslant T_{\lambda}(A\,|\,B)-\frac{1-a^{\lambda}}{\lambda}A\#_{\lambda}B-(\log a)A.$$

证明：对于任意的正实数 x，简单计算可知

$$\frac{x^{-\lambda}-1}{-\lambda} \leqslant \log x \leqslant \frac{x^{\lambda}-1}{\lambda}.$$

所以，有

$$a^{-\lambda}\frac{x^{-\lambda}-1}{-\lambda}-\frac{1-a^{\lambda}}{\lambda a^{\lambda}} \leqslant \log ax \leqslant \frac{x^{\lambda}-1}{\lambda}+\frac{a^{\lambda}-1}{\lambda}x^{\lambda},$$

它等价于

$$-\log a+a^{-\lambda}\frac{x^{-\lambda}-1}{-\lambda}-\frac{1-a^{\lambda}}{\lambda a^{\lambda}} \leqslant \log x \leqslant \frac{x^{\lambda}-1}{\lambda}-\frac{1-a^{\lambda}}{\lambda}x^{\lambda}-\log a.$$

于是得

$$-\left(\log a+\frac{1-a^{\lambda}}{\lambda a^{\lambda}}\right)\boldsymbol{A}+a^{-\lambda}T_{-\lambda}(\boldsymbol{A}\,|\,\boldsymbol{B}) \leqslant S(\boldsymbol{A}\,|\,\boldsymbol{B})$$

$$\leqslant T_{\lambda}(\boldsymbol{A}\,|\,\boldsymbol{B})-\frac{1-a^{\lambda}}{\lambda}\boldsymbol{A}\#_{\lambda}\boldsymbol{B}-(\log a)\boldsymbol{A},$$

这就完成了证明.

接下来，我们给出不等式（2.24）的一个改进，同时，我们的结果也是不等式（2.26）的推广.

定理 2.4.3　设 $\boldsymbol{A},\boldsymbol{B}\in \boldsymbol{B}(H)$ 为可逆正算子，若 $a>0$，$\lambda\in(0,1]$，则

$$(1-\log a)\boldsymbol{A}-\frac{1}{a}\boldsymbol{A}\boldsymbol{B}^{-1}\boldsymbol{A} \leqslant -\left(\frac{1-a^{\lambda}}{\lambda a^{\lambda}}+\log a\right)\boldsymbol{A}+a^{-\lambda}T_{-\lambda}(\boldsymbol{A}\,|\,\boldsymbol{B})$$

$$\leqslant S(\boldsymbol{A}\,|\,\boldsymbol{B})$$

$$\leqslant (\log a)\boldsymbol{A}+T_{\lambda}(\boldsymbol{A}\,|\,\boldsymbol{B})+\frac{1-a^{\lambda}}{\lambda a^{\lambda}}\boldsymbol{A}\#_{\lambda}\boldsymbol{B}$$

$$\leqslant (\log a-1)\boldsymbol{A}+\frac{1}{a}\boldsymbol{B}.$$

证明：由定理 2.4.1 可知，第一个不等号成立. 由定理 2.4.2 可知，第二个不等号成立. 在定理 2.4.2 中，用 a^{-1} 代替 a 可知第三个不等号成立. 最后一个不等号由不等式（2.23）可知是成立的，这就完成了证明.

作为本节的结束，我们给出不等式（2.23）的一个推广.

定理 2.4.4　设 $\boldsymbol{A},\boldsymbol{B}\in \boldsymbol{B}(H)$ 为可逆正算子，若 $a>0$，$\lambda\in(0,1]$，$v\in[0,1]$ 则

$$l_3\boldsymbol{A}\#_{\lambda}\boldsymbol{B}-l_1\boldsymbol{A}\#_{\lambda-1}\boldsymbol{B}+l_2\boldsymbol{A} \leqslant T_{\lambda}(\boldsymbol{A}\,|\,\boldsymbol{B}) \leqslant l_1\boldsymbol{B}-l_2\boldsymbol{A}\#_{\lambda}\boldsymbol{B}-l_3\boldsymbol{A},$$

其中，

$$l_1=\frac{a^{\lambda-1}}{v(a^{\lambda}-1)+1},\quad l_2=\frac{v(1-a^{\lambda})}{v\lambda(a^{\lambda}-1)+\lambda},\quad l_3=\frac{(\lambda-1+v)a^{\lambda}+1-v}{v\lambda(a^{\lambda}-1)+\lambda}.$$

证明： 注意到

$$\frac{1}{\lambda}\left(\left(\frac{x}{a}\right)^{\lambda}-1\right)=\frac{x^{\lambda}-1}{\lambda}+x^{\lambda}\frac{a^{-\lambda}-1}{\lambda},$$

$$\frac{1}{\lambda}\left(\left(\frac{x}{a}\right)^{\lambda}-1\right)=a^{-\lambda}\frac{x^{\lambda}-1}{\lambda}+\frac{a^{-\lambda}-1}{\lambda}.$$

由上面两个等式，有

$$\begin{aligned}\frac{1}{\lambda}\left[\left(\frac{x}{a}\right)^{\lambda}-1\right]&=v\left(\frac{x^{\lambda}-1}{\lambda}+x^{\lambda}\frac{a^{-\lambda}-1}{\lambda}\right)+(1-v)\left(a^{-\lambda}\frac{x^{\lambda}-1}{\lambda}+\frac{a^{-\lambda}-1}{\lambda}\right)\\&=\frac{v(a^{\lambda}-1)+1}{a^{\lambda}}\cdot\frac{x^{\lambda}-1}{\lambda}+(v(x^{\lambda}-1)+1)\frac{a^{-\lambda}-1}{\lambda}.\end{aligned}\tag{2.27}$$

因为对于任意的正实数 x，有

$$\frac{x^{\lambda}-1}{\lambda}\leqslant x-1,$$

所以

$$\frac{1}{\lambda}\left(\left(\frac{x}{a}\right)^{\lambda}-1\right)\leqslant\frac{x}{a}-1,\quad a>0.\tag{2.28}$$

由不等式（2.27）和不等式（2.28）可知

$$\frac{x^{\lambda}-1}{\lambda}\leqslant\frac{a^{\lambda-1}}{v(a^{\lambda}-1)+1}x-\frac{v(1-a^{\lambda})}{v\lambda(a^{\lambda}-1)+\lambda}x^{\lambda}-\frac{(\lambda-1+v)a^{\lambda}+1-v}{v\lambda(a^{\lambda}-1)+\lambda}.\tag{2.29}$$

在不等式（2.29）中，令 x 等于 x^{-1} 可得

$$\frac{1}{\lambda}\left[\left(\frac{1}{x}\right)^{\lambda}-1\right]\leqslant\frac{a^{\lambda-1}}{v(a^{\lambda}-1)+1}\frac{1}{x}-\frac{v(1-a^{\lambda})}{v\lambda(a^{\lambda}-1)+\lambda}\left(\frac{1}{x}\right)^{\lambda}-\frac{(\lambda-1+v)a^{\lambda}+1-v}{v\lambda(a^{\lambda}-1)+\lambda}.$$

简单计算可知

$$\frac{1}{\lambda}\left[\left(\frac{1}{x}\right)^{\lambda}-1\right]=-x^{-\lambda}\cdot\frac{x^{\lambda}-1}{\lambda}.$$

于是有

$$\frac{(\lambda-1+v)a^{\lambda}+1-v}{v\lambda(a^{\lambda}-1)+\lambda}x^{\lambda}-\frac{a^{\lambda-1}}{v(a^{\lambda}-1)+1}x^{\lambda-1}+\frac{v(1-a^{\lambda})}{v\lambda(a^{\lambda}-1)+\lambda}\leqslant\frac{x^{\lambda}-1}{\lambda}.\tag{2.30}$$

由不等式（2.29）和不等式（2.30），可得

$$l_3(\boldsymbol{A}^{-1/2}\boldsymbol{B}\boldsymbol{A}^{-1/2})^{\lambda}-l_1(\boldsymbol{A}^{-1/2}\boldsymbol{B}\boldsymbol{A}^{-1/2})^{\lambda-1}+l_2 I\leqslant\frac{(\boldsymbol{A}^{-1/2}\boldsymbol{B}\boldsymbol{A}^{-1/2})^{\lambda}-I}{\lambda}$$
$$\leqslant l_1\boldsymbol{A}^{-1/2}\boldsymbol{B}\boldsymbol{A}^{-1/2}-l_2(\boldsymbol{A}^{-1/2}\boldsymbol{B}\boldsymbol{A}^{-1/2})^{\lambda}-l_3 I.$$

上式两边同时乘以 $\boldsymbol{A}^{1/2}$，有

$$l_3\boldsymbol{A}\#_{\lambda}\boldsymbol{B}-l_1\boldsymbol{A}\#_{\lambda-1}\boldsymbol{B}+l_2\boldsymbol{A}\leqslant T_{\lambda}(\boldsymbol{A}\mid\boldsymbol{B})\leqslant l_1\boldsymbol{B}-l_2\boldsymbol{A}\#_{\lambda}\boldsymbol{B}-l_3\boldsymbol{A}.$$

这就完成了证明.

注 2.4.2　在定理 2.4.4 中，令 $v=1$，可得不等式(2.23). 令 $v=1$ 和 $\lambda\to 0$，可得不等式（2.24）.

2.5　改进的均值不等式及其应用

设 $a,b\geqslant 0$，则

$$\sqrt{ab}\leqslant\frac{a+b}{2}.$$

这是众所周知的几何-算术平均值不等式，在本节中，先给出这个不等式的一个改进，作为我们结果的应用，得到一个算子 Löwner 偏序不等式.

定理 2.5.1　设 $a,b>0$，则

$$\left[1+\frac{(\log a-\log b)^2}{8}\right]\sqrt{ab}\leqslant\frac{a+b}{2}. \tag{2.31}$$

证明： 令

$$f(x)=\frac{a^x b^{1-x}+a^{1-x}b^x}{2},\quad 0\leqslant x\leqslant 1.$$

显然 $f(x)$ 在开区间 $(0,1)$ 内是二次可微的，简单计算可知

$$f'(x)=(\log a-\log b)\frac{a^x b^{1-x}-a^{1-x}b^x}{2},\quad x\in(0,1),$$
$$f''(x)=(\log a-\log b)^2 f(x),\quad x\in(0,1).$$

于是，由泰勒中值定理可知，对于给定的 $x\in\left(0,\frac{1}{2}\right)$，存在 $\xi\in\left(x,\frac{1}{2}\right)$，使得

$$f(x)=\sqrt{ab}+(\log a-\log b)^2\frac{a^{\xi}b^{1-\xi}+a^{1-\xi}b^{\xi}}{4}\left(x-\frac{1}{2}\right)^2.$$

所以，对于任意的$x\in\left(0,\frac{1}{2}\right)$，都存在$\xi(x)\in\left(x,\frac{1}{2}\right)$，使得

$$f(x)=\sqrt{ab}+(\log a-\log b)^2\frac{a^{\xi(x)}b^{1-\xi(x)}+a^{1-\xi(x)}b^{\xi(x)}}{4}\left(x-\frac{1}{2}\right)^2.$$

由本书第 5 章中的不等式（5.9），有

$$\sqrt{ab}+(\log a-\log b)^2\frac{a^{\xi(x)}b^{1-\xi(x)}+a^{1-\xi(x)}b^{\xi(x)}}{4}\left(x-\frac{1}{2}\right)^2\leqslant(1-\alpha(x))\sqrt{ab}+\alpha(x)\frac{a+b}{2},$$

这个不等式等价于

$$\alpha(x)\sqrt{ab}+\alpha(x)(\log a-\log b)^2\frac{a^{\xi(x)}b^{1-\xi(x)}+a^{1-\xi(x)}b^{\xi(x)}}{16}\leqslant\alpha(x)\frac{a+b}{2}.$$

即

$$\sqrt{ab}+(\log a-\log b)^2\frac{a^{\xi(x)}b^{1-\xi(x)}+a^{1-\xi(x)}b^{\xi(x)}}{16}\leqslant\frac{a+b}{2}.$$

由均值不等式可知

$$\left[1+\frac{(\log a-\log b)^2}{8}\right]\sqrt{ab}\leqslant\frac{a+b}{2}.$$

这就完成了证明.

最近，Furuichi 在文献[29]中证明：若$a,b>0$，则

$$S\left(\sqrt{\frac{b}{a}}\right)\sqrt{ab}\leqslant\frac{a+b}{2},\tag{2.32}$$

其中，

$$S(t)=\frac{t^{\frac{1}{t-1}}}{\mathrm{e}\log t^{\frac{1}{t-1}}},\quad t>0,\quad S(1)=\lim_{t\to1}S(t)=1$$

是 Specht 比率. 比较不等式（2.31）和不等式（2.32）中这两个结果时，一个自然的问题是，$S\left(\sqrt{\frac{b}{a}}\right)$和$\left[1+\frac{(\log a-\log b)^2}{8}\right]$的关系是怎样的呢？我们可能会问：下面两个不等式中是否有一个成立呢？

$$1+\frac{(\log a-\log b)^2}{8}\leqslant S\left(\sqrt{\frac{b}{a}}\right),$$

$$1+\frac{(\log a-\log b)^2}{8}\geqslant S\left(\sqrt{\frac{b}{a}}\right).$$

答案是否定的. 事实上，若取 $a=1$，$b=100$，简单计算可知

$$1+\frac{(\log a-\log b)^2}{8}=3.6509>1.8571=S\left(\sqrt{\frac{b}{a}}\right).$$

另外，若取 $a=1$，$b=100000$，简单计算可知

$$1+\frac{(\log a-\log b)^2}{8}=24.8585<53.5719=S\left(\sqrt{\frac{b}{a}}\right).$$

接下来，进一步讨论 $S\left(\sqrt{\frac{b}{a}}\right)$ 和 $\left[1+\frac{(\log a-\log b)^2}{8}\right]$ 之间的关系. 令

$$F(t)=1+\frac{(\log t)^2}{2},\quad t>0.$$

则有

$$F\left(\sqrt{\frac{b}{a}}\right)=1+\frac{(\log a-\log b)^2}{8}.$$

显然函数 $F(t)$ 具有下列性质：

（1）于任意的 $t>0$，都有 $F(t)=F\left(\frac{1}{t}\right)$；

（2）在区间 $(1,\infty)$ 内，$F(t)$ 是单调递增函数；

（3）在区间 $(0,1)$ 内，$F(t)$ 是单调递增函数.

函数 $S(t)$ 也具有相同的性质，由计算可知，当 $\frac{1}{x_0}\leqslant\sqrt{\frac{b}{a}}\leqslant x_0$ 时，其中，$x_0\approx 227$，有

$$F\left(\sqrt{\frac{b}{a}}\right)\geqslant S\left(\sqrt{\frac{b}{a}}\right),$$

否则

$$F\left(\sqrt{\frac{b}{a}}\right) < S\left(\sqrt{\frac{b}{a}}\right).$$

在 MATLAB 中，画出函数 $F(t)$ 和 $S(t)$ 的图像如图 2.1 所示.

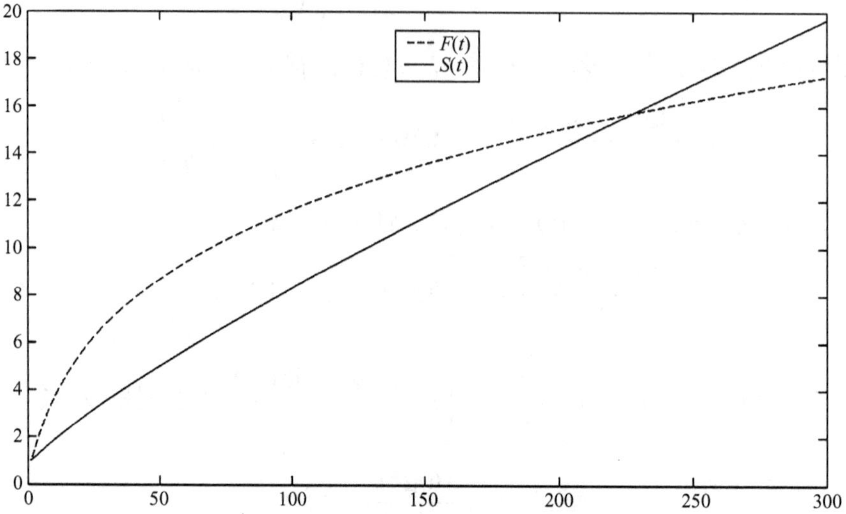

图 2.1　$F(t)$ 和 $S(t)$，$1 < t < 300$

对于算子几何均值和算术均值，有

$$\boldsymbol{A} \# \boldsymbol{B} \leqslant \frac{\boldsymbol{A}+\boldsymbol{B}}{2}. \tag{2.33}$$

下面，利用不等式（2.31），给出上面这个算子不等式的一个改进.

定理 2.5.2　设 $\boldsymbol{A}, \boldsymbol{B}$ 为可逆正算子，则

$$\boldsymbol{A} \# \boldsymbol{B} + \boldsymbol{K}^*(\boldsymbol{A} \# \boldsymbol{B})\boldsymbol{K} \leqslant \frac{\boldsymbol{A}+\boldsymbol{B}}{2},$$

其中，

$$\boldsymbol{K} = \frac{\sqrt{2}}{4}\boldsymbol{A}^{-1}S(\boldsymbol{A} \mid \boldsymbol{B}).$$

证明：由不等式（2.31），有

$$\sqrt{a} + \frac{1}{8}\log a\sqrt{a}\log a \leqslant \frac{a+1}{2}.$$

令

$$\boldsymbol{T} = \boldsymbol{A}^{-1/2}\boldsymbol{B}\boldsymbol{A}^{-1/2},$$

于是，有

$$\boldsymbol{T}^{1/2}+\frac{1}{8}\log(\boldsymbol{T})\boldsymbol{T}^{1/2}\log(\boldsymbol{T})\leqslant\frac{T+I}{2}.$$

在上面这个不等式的两边同时乘以 $\boldsymbol{A}^{1/2}$，可得

$$\boldsymbol{A}\#\boldsymbol{B}+\frac{1}{8}\boldsymbol{A}^{1/2}\log(\boldsymbol{A}^{-1/2}\boldsymbol{B}\boldsymbol{A}^{-1/2})\boldsymbol{A}^{1/2}\boldsymbol{A}^{-1}(\boldsymbol{A}\#\boldsymbol{B})\boldsymbol{A}^{-1}\boldsymbol{A}^{1/2}\log(\boldsymbol{A}^{-1/2}\boldsymbol{B}\boldsymbol{A}^{-1/2})\boldsymbol{A}^{1/2}.$$

这就完成了证明.

注 2.5.1　因为 $\boldsymbol{A}\#\boldsymbol{B}=\boldsymbol{A}^{1/2}(\boldsymbol{A}^{-1/2}\boldsymbol{B}\boldsymbol{A}^{-1/2})^{1/2}\boldsymbol{A}^{1/2}$ 是正定的且合同保持正定性，所以 $\boldsymbol{K}^*(\boldsymbol{A}\#\boldsymbol{B})\boldsymbol{K}$ 正定，因此，定理 2.5.2 是不等式（2.33）的一个改进.

2.6　本章小结

本章主要对算子 Bohr 型不等式、算子 Dunkl-Williams 型不等式及 Tsallis 相对算子熵进行了讨论，推广或改进了现有的结果. 在证明过程中，起关键作用的是算子绝对值的定义、算子的谱分解、Löwner 偏序的一个性质：合同保持 Löwner 偏序以及标量不等式的放缩技巧.

对于算子 Dunkl-Williams 型不等式，在参数 $p,q<1$ 时会有什么样的结果呢？这是需要继续讨论的问题. 同时，对于已经得到的结果，是否存在更精确的不等式呢？这也需要做进一步的研究.

第3章　矩阵奇异值不等式

3.1　引言

在本章和以后的章节中，我们总是用 $\boldsymbol{A},\boldsymbol{B},\cdots$ 表示 n 阶方阵. 在这一章中，主要讨论第一层次的奇异值不等式.

2000 年，詹兴致在文献[41]中提出了如下的猜想：设 $\boldsymbol{A},\boldsymbol{B}\geqslant 0$，$-2<t\leqslant 2$，$\frac{1}{2}\leqslant r\leqslant\frac{3}{2}$，则

$$s_j(\boldsymbol{A}^r\boldsymbol{B}^{2-r}+\boldsymbol{A}^{2-r}\boldsymbol{B}^r)\leqslant\frac{2}{t+2}s_j(\boldsymbol{A}^2+t\boldsymbol{A}\boldsymbol{B}+\boldsymbol{B}^2),\qquad j=1,2,\cdots,n.\tag{3.1}$$

这个猜想的意义在于，若不等式（3.1）成立的话，很多相关的不等式将是其特殊情况.

对于詹兴致的猜想，几个特殊情况已经得到了证明. 当 $t=0$，$r=1$ 时，不等式（3.1）简化为

$$s_j(\boldsymbol{A}\boldsymbol{B})\leqslant\frac{1}{2}s_j(\boldsymbol{A}^2+\boldsymbol{B}^2),\qquad j=1,2,\cdots,n.\tag{3.2}$$

不等式（3.2）是成立的，这个结果归功于 Bhatia 和 Kittaneh[97]. 2007 年，Audenaert 在文献[98]中得到了如下的奇异值不等式

$$s_j(\boldsymbol{A}^r\boldsymbol{B}^{1-r}+\boldsymbol{A}^{1-r}\boldsymbol{B}^r)\leqslant s_j(\boldsymbol{A}+\boldsymbol{B}),\ 0\leqslant r\leqslant 1,\qquad j=1,2,\cdots,n.$$

这是不等式（3.1）在 $t=0$ 时的特殊情形.

设 $\boldsymbol{A},\boldsymbol{B}\geqslant 0$，2012 年，Drury 在文献[99]中证明了

$$s_j(\boldsymbol{A}\boldsymbol{B})\leqslant\frac{1}{4}s_j(\boldsymbol{A}+\boldsymbol{B})^2,\qquad j=1,2,\cdots,n.\tag{3.3}$$

这是 Bhatia 和 Kittaneh 在文献[97]中提出的一个问题，同时他们在文献[97]中也证明

$$s_j[A^{1/2}(A+B)B^{1/2}] \leqslant \frac{1}{2}s_j(A+B)^2, \quad j=1,2,\cdots,n. \tag{3.4}$$

因为 $f(x)=x^2$ 是算子凸函数，所以不等式（3.3）是不等式（3.2）的加强.

2013 年，Dumitru、Levanger 和 Visinescu 在文献[100]中证明，函数

$$f(t)=\frac{1}{t+2}\lambda_j\left[A^2+B^2+\frac{t}{2}(AB+BA)\right]$$

在 $(-2,\infty)$ 内是非增的. 由这个结果以及不等式（3.3）和不等式（3.4），他们证明，当 $r=\frac{1}{2},\frac{3}{2},1$ 这三种特殊情形时，Zhan 猜想是成立的.

为了研究 Zhan 猜想，我们收集、整理、仔细阅读了相关的资料，在这个过程中，我们得到一些奇异值不等式，所得的奇异值不等式是现有结果的推广或改进. 同时，在本章的最后，我们给出一个解决 Zhan 猜想的想法.

3.2　奇异值几何-算术平均值不等式及其应用

设 $A,B\in M_n$，由极分解可知，不等式（3.2）等价于

$$s_j(A^*B) \leqslant \frac{1}{2}s_j(AA^*+BB^*), \quad j=1,2,\cdots,n. \tag{3.5}$$

一个自然的问题是，在矩阵 A 和 B 之间，插入一个矩阵 X，不等式(3.5)是否成立呢？答案是否定的，但稍微弱一些的矩阵酉不变范数不等式是成立的，即有

$$\|A^*XB\| \leqslant \frac{1}{2}\|AA^*X+XBB^*\|. \tag{3.6}$$

这个结果归功于 Bhatia 和 Davis[42].

在本节中，首先给出不等式（3.5）的一个推广，由我们的结果可以很容易地导出不等式（3.4）. 作为所得结果的应用，我们给出不等式（3.6）的一个新的证明，同时还得到一个类似于不等式（3.3）的结果.

定理 3.2.1　设 $A,X,B\in M_n$，若 X 为正定矩阵，则对于任意的 $j=1,2,\cdots,n$，有

$$s_j(A^*XB) \leqslant \frac{1}{2}s_j[(AA^*+BB^*)^{1/2}X(AA^*+BB^*)^{1/2}].$$

证明：由不等式（3.5）以及奇异值的定义可知

$$\begin{aligned}2s_j(A^*XB)&=2s_j(A^*X^{1/2}X^{1/2}B)\\&=2s_j[(X^{1/2}A)^*(X^{1/2}B)]\\&\leqslant s_j[X^{1/2}(AA^*+BB^*)X^{1/2}]\\&=\lambda_j[X^{1/2}(AA^*+BB^*)X^{1/2}]\\&=\lambda_j[(AA^*+BB^*)^{1/2}X(AA^*+BB^*)^{1/2}]\\&=s_j[(AA^*+BB^*)^{1/2}X(AA^*+BB^*)^{1/2}].\end{aligned}$$

这就完成了证明.

注 3.2.1　在定理 3.2.1 中，若 $X=I$，则可得不等式(3.5). 文献[101-102]中给出不等式（3.5）的一些等价形式及其应用. 当 A 和 B 为正定矩阵时，在文献[103]中，Bhatia 和 Kittaneh 证明

$$s_j[A^{1/2}(A+B)^rB^{1/2}]\leqslant\frac{1}{2}s_j(A+B)^{1+r},\quad j=1,2,\cdots,n,\tag{3.7}$$

其中，$r\geqslant 0$. 这个结果是不等式（3.4）的一个推广. 在定理 3.2.1 中，令 $X=(A+B)^r$，则可得 Bhatia 和 Kittaneh 的结果.

作为定理 3.2.1 的一个应用，我们给出不等式（3.6）的一个新的证明.

证明：设 $P,X,Q\in M_n$，若 X 为正定矩阵，则由定理 3.2.1 有

$$\|P^*XQ\|\leqslant\frac{1}{2}\|(PP^*+QQ^*)^{1/2}X(PP^*+QQ^*)^{1/2}\|.\tag{3.8}$$

由式（3.8）和文献[45]中的性质 IX.1.2 可得

$$\begin{aligned}\|P^*XQ\|&\leqslant\frac{1}{2}\|(PP^*+QQ^*)^{1/2}X(PP^*+QQ^*)^{1/2}\|\\&\leqslant\frac{1}{4}\|(PP^*+QQ^*)X+X(PP^*+QQ^*)\|\\&=\frac{1}{4}\|(PP^*X+XQQ^*)+(XPP^*+QQ^*X)\|\\&\leqslant\frac{1}{4}\|PP^*X+XQQ^*\|+\frac{1}{4}\|XPP^*+QQ^*X\|\\&=\frac{1}{2}\|PP^*X+XQQ^*\|.\end{aligned}\tag{3.9}$$

因此，

$$\| P^*XQ \| \leqslant \frac{1}{2} \| PP^*X + XQQ^* \|. \tag{3.10}$$

接下来考虑 X 为一般矩阵的情形. 设 $X = U\Sigma V^*$ 为矩阵 X 的奇异值分解，在不等式（3.10）中，将 X 用 Σ 代替，有

$$\| P^*U^*XVQ \| \leqslant \frac{1}{2} \| PP^*U^*XV + U^*XVQQ^* \|.$$

令

$$A = UP, B = VQ,$$

于是，有

$$\begin{aligned} \| A^*XB \| &\leqslant \frac{1}{2} \| PA^*XV + U^*XBQ^* \| \\ &= \frac{1}{2} \| U(PA^*XV + U^*XBQ^*)V^* \| \\ &= \frac{1}{2} \| UPA^*X + XBQ^*V^* \| \\ &= \frac{1}{2} \| AA^*X + XBB^* \|. \end{aligned}$$

这就完成了证明.

注 3.2.2　设 $A, X, B \in M_n$，且 X 为正定矩阵，由式（3.9）可得

$$\| A^*XB \| \leqslant \frac{1}{4} \| AA^*X + XBB^* + (AA^*X + XBB^*)^* \|.$$

它是不等式（3.6）的一个改进.

设 $a, b \geqslant 0$，很容易知道下面几个不等式是等价的

$$\sqrt{ab} \leqslant \frac{a+b}{2}, \tag{3.11}$$

$$ab \leqslant \left(\frac{a+b}{2}\right)^2, \tag{3.12}$$

$$a^{1/2}(ab^{1/2})b^{1/2} \leqslant \left(\frac{a+b}{2}\right)^2. \tag{3.13}$$

但是，由它们诱导出的奇异值不等式并非是等价的. 由式（3.11）诱导的奇异值不等式为式（3.2），由式（3.12）诱导的奇异值不等式为式（3.3）.

作为定理 3.2.1 的另外一个应用，得到不等式（3.13）的奇异值形式.

定理 3.2.2 设 $A,B\in M_n$ 为正定矩阵，则对于任意的 $j=1,2,\cdots,n$，有

$$s_j[A^{1/2}(A\#B)B^{1/2}]\leqslant\frac{1}{4}s_j(A+B)^2. \tag{3.14}$$

证明：在定理 3.2.1 中，令

$$X=A\#B=A^{1/2}(A^{-1/2}BA^{-1/2})^{1/2}A^{1/2}.$$

显然 X 是正定的，所以，对于任意的 $j=1,2,\cdots,n$，有

$$2s_j[A^{1/2}(A\#B)B^{1/2}]\leqslant s_j[(A+B)^{1/2}(A\#B)(A+B)^{1/2}].$$

又因为

$$A\#B\leqslant\frac{A+B}{2},$$

所以，对于任意的 $j=1,2,\cdots,n$，有

$$s_j[A^{1/2}(A\#B)B^{1/2}]\leqslant\frac{1}{4}s_j(A+B)^2.$$

这就完成了证明.

仔细观察不等式（3.3）和不等式（3.14），我们自然会问：$s_j[A^{1/2}(A\#B)B^{1/2}]$ 和 $s_j(AB)$ 之间的关系是怎样的呢？下面两个不等式是否成立呢？

$$s_j[A^{1/2}(A\#B)B^{1/2}]\leqslant s_j(AB),\quad j=1,2,\cdots,n,$$
$$s_j[A^{1/2}(A\#B)B^{1/2}]\geqslant s_j(AB),\quad j=1,2,\cdots,n.$$

答案是否定的.

事实上，若令

$$A=\begin{bmatrix}10&0\\0&1\end{bmatrix},B=\begin{bmatrix}20&6\\6&2\end{bmatrix},$$

简单计算可知

$$s_1[A^{1/2}(A\#B)B^{1/2}]=173.8869<s_1(AB)=208.9018,$$

但

$$s_2[A^{1/2}(A\#B)B^{1/2}]=0.2300>s_2(AB)=0.1915.$$

所以，不等式（3.3）和不等式（3.14）之间没有谁一定比谁好的关系.

3.3　奇异值 Heinz 不等式

作为 Zhan 猜想的一个特殊情况，2007 年，Audenaert 在文献[98]中得到如下奇异值不等式

$$s_j(\boldsymbol{A}^r\boldsymbol{B}^{1-r}+\boldsymbol{A}^{1-r}\boldsymbol{B}^r)\leqslant s_j(\boldsymbol{A}+\boldsymbol{B}),\quad 0\leqslant r\leqslant 1. \tag{3.15}$$

在文献中，这个不等式称为奇异值 Heinz 不等式. 当 $r=\dfrac{1}{4}$ 或 $r=\dfrac{3}{4}$ 时，有

$$s_j(\boldsymbol{A}^{1/4}\boldsymbol{B}^{3/4}+\boldsymbol{A}^{3/4}\boldsymbol{B}^{1/4})\leqslant s_j(\boldsymbol{A}+\boldsymbol{B}),\quad j=1,\cdots,n,$$

这个不等式要弱于不等式（3.4）.

接下来，我们给出两个类似于奇异值 Heinz 不等式的结果. 第一个结果类似于不等式（3.7），第二个结果是不等式（3.4）的推广.

为了得到我们的结果，需要下面的引理.

引理 3.3.1　设 $f(t)$ 为算子单调函数且 $\boldsymbol{A},\boldsymbol{B}\in M_n$ 为正定矩阵，则

$$\left(\frac{\boldsymbol{A}+\boldsymbol{B}}{2}\right)^{1/2}[f(\boldsymbol{A})+f(\boldsymbol{B})]\left(\frac{\boldsymbol{A}+\boldsymbol{B}}{2}\right)^{1/2}\leqslant \boldsymbol{A}f(\boldsymbol{A})+\boldsymbol{B}f(\boldsymbol{B}).$$

定理 3.3.1　设 $\boldsymbol{A},\boldsymbol{B}\in M_n$ 为正定矩阵，令

$$\boldsymbol{K}=(\boldsymbol{A}^{1/(q+1)}+\boldsymbol{B}^{1/(q+1)})^{1/2},\quad 0\leqslant q\leqslant 1.$$

则对于任意的 $j=1,2,\cdots,n$，有

$$s_j[\boldsymbol{A}^{q/2(q+1)}\boldsymbol{K}(\boldsymbol{A}+\boldsymbol{B})^r\boldsymbol{K}\boldsymbol{B}^{q/2(q+1)}]\leqslant s_j[(\boldsymbol{A}+\boldsymbol{B})^{1+r}],\quad r\geqslant 0.$$

证明：对于函数 $f(t)=t^q$, $0\leqslant q\leqslant 1$，我们知道它在 $(0,\infty)$ 上是算子单调的，所以，由引理 3.3.1 可得

$$\frac{1}{2}(\boldsymbol{A}+\boldsymbol{B})^{1/2}(\boldsymbol{A}^q+\boldsymbol{B}^q)(\boldsymbol{A}+\boldsymbol{B})^{1/2}\leqslant \boldsymbol{A}^{1+q}+\boldsymbol{B}^{1+q}.$$

因为合同保持 Löwner 偏序，即若 $\boldsymbol{X}\leqslant\boldsymbol{Y}$，则 $\boldsymbol{ZXZ}^*\leqslant\boldsymbol{ZYZ}^*$，于是

$$\frac{1}{2}(\boldsymbol{A}^{1+q}+\boldsymbol{B}^{1+q})^{r/2}L(\boldsymbol{A}^q+\boldsymbol{B}^q)L(\boldsymbol{A}^{1+q}+\boldsymbol{B}^{1+q})^{r/2}\leqslant(\boldsymbol{A}^{1+q}+\boldsymbol{B}^{1+q})^{1+r},$$

其中，$L=(\boldsymbol{A}+\boldsymbol{B})^{1/2}$. 注意到 $\boldsymbol{XY}$ 和 $\boldsymbol{YX}$ 有相同的特征值，于是

$$\frac{1}{2}\lambda_j[(\boldsymbol{A}^q+\boldsymbol{B}^q)L(\boldsymbol{A}^{1+q}+\boldsymbol{B}^{1+q})^rL]\leqslant\lambda_j[(\boldsymbol{A}^{1+q}+\boldsymbol{B}^{1+q})^{1+r}]. \tag{3.16}$$

令

$$X=(A+B)^{1/2}(A^{1+q}+B^{1+q})^{r/2}.$$

不等式（3.16）等价于

$$\frac{1}{2}\lambda_j[(A^q+B^q)XX^*]\leqslant\lambda_j[(A^{1+q}+B^{1+q})^{1+r}].\tag{3.17}$$

除了一些零特征值，矩阵

$$(A^q+B^q)XX^*$$

的特征值与下面这个块矩阵的特征值是一样的

$$\begin{bmatrix}A^{q/2}&B^{q/2}\\0&0\end{bmatrix}\begin{bmatrix}A^{q/2}&0\\B^{q/2}&0\end{bmatrix}\begin{bmatrix}XX^*&0\\0&0\end{bmatrix},$$

因此，也和下面这个块矩阵是一样的

$$\begin{bmatrix}A^{q/2}&0\\B^{q/2}&0\end{bmatrix}\begin{bmatrix}XX^*&0\\0&0\end{bmatrix}\begin{bmatrix}A^{q/2}&B^{q/2}\\0&0\end{bmatrix}.$$

简单计算可知

$$\begin{bmatrix}A^{q/2}&0\\B^{q/2}&0\end{bmatrix}\begin{bmatrix}XX^*&0\\0&0\end{bmatrix}\begin{bmatrix}A^{q/2}&B^{q/2}\\0&0\end{bmatrix}=\begin{bmatrix}A^{q/2}XX^*A^{q/2}&A^{q/2}XX^*B^{q/2}\\B^{q/2}XX^*A^{q/2}&B^{q/2}XX^*B^{q/2}\end{bmatrix}.$$

于是，由不等式（3.17）和定理 3.2.1，可知

$$s_j(A^{q/2}XX^*B^{q/2})\leqslant\lambda_j[(A^{1+q}+B^{1+q})^{1+r}].$$

用 A 替换 $A^{1/(q+1)}$ 以及 B 替换 $B^{1/(q+1)}$，可得

$$s_j[A^{q/2(q+1)}K(A+B)^rKB^{q/2(q+1)}]\leqslant s_j[(A+B)^{1+r}].$$

这就完成了证明.

定理 3.3.2 设 $A,B\in M_n$ 为正定矩阵，令

$$K=(A^{1/(q+1)}+B^{1/(q+1)})^{1/2},\quad 0\leqslant q\leqslant 1.$$

则对于任意的 $j=1,2,\cdots,n$，有

$$s_j[A^{1/2}K(A^{q/(1+q)}+B^{q/(1+q)})KB^{1/2}]\leqslant s_j[(A+B)^2].$$

证明：在不等式（3.16）中，令 $r=1$，可得

$$\frac{1}{2}\lambda_j[(A^q+B^q)(A+B)^{1/2}(A^{1+q}+B^{1+q})(A+B)^{1/2}]\leqslant\lambda_j[(A^{1+q}+B^{1+q})^2].$$

令

$$X=(A+B)^{1/2}A^{(1+q)/2},\quad Y=(A+B)^{1/2}B^{(1+q)/2}.$$

于是

$$\frac{1}{2}\lambda_j[(\boldsymbol{A}^q+\boldsymbol{B}^q)(\boldsymbol{XX}^*+\boldsymbol{YY}^*)]\leqslant\lambda_j[(\boldsymbol{A}^{1+q}+\boldsymbol{B}^{1+q})^2]. \tag{3.18}$$

除了一些零特征值，矩阵 $(\boldsymbol{A}^q+\boldsymbol{B}^q)(\boldsymbol{XX}^*+\boldsymbol{YY}^*)$ 的特征值与下面这个块矩阵的特征值是一样的

$$\boldsymbol{M}=\begin{bmatrix}\boldsymbol{A}^q+\boldsymbol{B}^q & 0\\ 0 & 0\end{bmatrix}\begin{bmatrix}\boldsymbol{X} & \boldsymbol{Y}\\ 0 & 0\end{bmatrix}\begin{bmatrix}\boldsymbol{X}^* & 0\\ \boldsymbol{Y}^* & 0\end{bmatrix}.$$

因为 $\boldsymbol{XY}$ 和 $\boldsymbol{YX}$ 有相同的特征值，所以 $\boldsymbol{M}$ 的特征值与下面的块矩阵也是一样的

$$\begin{bmatrix}\boldsymbol{X}^* & 0\\ \boldsymbol{Y}^* & 0\end{bmatrix}\begin{bmatrix}\boldsymbol{A}^q+\boldsymbol{B}^q & 0\\ 0 & 0\end{bmatrix}\begin{bmatrix}\boldsymbol{X} & \boldsymbol{Y}\\ 0 & 0\end{bmatrix}.$$

简单计算可知

$$\begin{bmatrix}\boldsymbol{X}^* & 0\\ \boldsymbol{Y}^* & 0\end{bmatrix}\begin{bmatrix}\boldsymbol{A}^q+\boldsymbol{B}^q & 0\\ 0 & 0\end{bmatrix}\begin{bmatrix}\boldsymbol{X} & \boldsymbol{Y}\\ 0 & 0\end{bmatrix}=\begin{bmatrix}\boldsymbol{X}^*(\boldsymbol{A}^q+\boldsymbol{B}^q)\boldsymbol{X} & \boldsymbol{X}^*(\boldsymbol{A}^q+\boldsymbol{B}^q)\boldsymbol{Y}\\ \boldsymbol{Y}^*(\boldsymbol{A}^q+\boldsymbol{B}^q)\boldsymbol{X} & \boldsymbol{Y}^*(\boldsymbol{A}^q+\boldsymbol{B}^q)\boldsymbol{Y}\end{bmatrix}.$$

于是，由定理 3.2.1 可知

$$s_j[\boldsymbol{X}^*(\boldsymbol{A}^q+\boldsymbol{B}^q)\boldsymbol{Y}]\leqslant\frac{1}{2}\lambda_j[(\boldsymbol{A}^q+\boldsymbol{B}^q)(\boldsymbol{XX}^*+\boldsymbol{YY}^*)]. \tag{3.19}$$

由不等式（3.18）和不等式（3.19），有

$$s_j[\boldsymbol{A}^{(1+q)/2}(\boldsymbol{A}+\boldsymbol{B})^{1/2}(\boldsymbol{A}^q+\boldsymbol{B}^q)(\boldsymbol{A}+\boldsymbol{B})^{1/2}\boldsymbol{B}^{(1+q)/2}]\leqslant\lambda_j[(\boldsymbol{A}^{1+q}+\boldsymbol{B}^{1+q})^2],$$

它等价于

$$s_j[\boldsymbol{A}^{1/2}\boldsymbol{K}(\boldsymbol{A}^{q/(1+q)}+\boldsymbol{B}^{q/(1+q)})\boldsymbol{KB}^{1/2}]\leqslant s_j[(\boldsymbol{A}+\boldsymbol{B})^2].$$

这就完成了证明.

注 3.3.1　在定理 3.3.2 中，令 $q=0$，则可得不等式（3.4）. 在定理 3.3.2 中，令 $q=1$，可得

$$s_j[\boldsymbol{A}^{1/2}(\boldsymbol{A}^{1/2}+\boldsymbol{B}^{1/2})^2\boldsymbol{B}^{1/2}]\leqslant s_j[(\boldsymbol{A}+\boldsymbol{B})^2],\quad j=1,2,\cdots,n. \tag{3.20}$$

在定理 3.2.1 中，令

$$\boldsymbol{X}=(\boldsymbol{A}^{1/2}+\boldsymbol{B}^{1/2})^2$$

可得，对于任意的 $j=1,2,\cdots,n$，有

$$s_j[\boldsymbol{A}^{1/2}(\boldsymbol{A}^{1/2}+\boldsymbol{B}^{1/2})^2\boldsymbol{B}^{1/2}]\leqslant\frac{1}{2}s_j^2[(\boldsymbol{A}+\boldsymbol{B})^{1/2}(\boldsymbol{A}^{1/2}+\boldsymbol{B}^{1/2})]. \tag{3.21}$$

不等式（3.21）是不等式（3.20）的一个改进. 事实上，容易知道

$$(\boldsymbol{A}^{1/2}+\boldsymbol{B}^{1/2})^2 \leqslant 2(\boldsymbol{A}+\boldsymbol{B}),$$

于是

$$\begin{aligned}2s_j(\boldsymbol{A}+\boldsymbol{B})^2 &= 2\lambda_j(\boldsymbol{A}+\boldsymbol{B})^2\\ &\geqslant \lambda_j[(\boldsymbol{A}+\boldsymbol{B})^{1/2}(\boldsymbol{A}^{1/2}+\boldsymbol{B}^{1/2})^2(\boldsymbol{A}+\boldsymbol{B})^{1/2}]\\ &= s_j^2[(\boldsymbol{A}+\boldsymbol{B})^{1/2}(\boldsymbol{A}^{1/2}+\boldsymbol{B}^{1/2})].\end{aligned}$$

作为本节的结束，我们给出奇异值 Heinz 不等式的一个推广.

定理 3.3.3　设 $\boldsymbol{A}_i \in M_n, i=1,2,\cdots,m$ 为正定矩阵，则对所有的 $1\leqslant k,l\leqslant m, k\neq l$ 以及 $1\leqslant j\leqslant n$，有

$$s_j\left(\sum_{i=1}^m \boldsymbol{A}_i\right) \geqslant \frac{2}{m}s_j\left(\boldsymbol{A}_k^{v}\boldsymbol{A}_l^{1-v}+\boldsymbol{A}_k^{1-v}\boldsymbol{A}_l^{v}+\boldsymbol{A}_k^{v_0}\sum_{i=1,i\neq k,i\neq l}^{m}\boldsymbol{A}_i^{1-2v_0}\boldsymbol{A}_l^{v_0}\right),\quad 0\leqslant v\leqslant 1,$$

其中，$v_0=\min\{v,1-v\}$.

证明：设 $f(t)$ 是算子单调函数. 因为 $f(t)$ 算子单调，所以 $f(t)$ 是算子凹的，且 $g(t)=tf(t)$ 是算子凸的. 由 $g(t)$ 的凸性，可知

$$\begin{aligned}\frac{1}{m}\sum_{i=1}^m \boldsymbol{A}_i f(\boldsymbol{A}_i) &\geqslant \frac{1}{m}\left(\sum_{i=1}^m \boldsymbol{A}_i\right) f\left(\frac{1}{m}\sum_{i=1}^m \boldsymbol{A}_i\right)\\ &= \frac{1}{m}\left(\sum_{i=1}^m \boldsymbol{A}_i\right)^{1/2} f\left(\frac{1}{m}\sum_{i=1}^m \boldsymbol{A}_i\right)\left(\sum_{i=1}^m \boldsymbol{A}_i\right)^{1/2}.\end{aligned}$$

同时，由于 $f(t)$ 是算子凹的，所以

$$f\left(\frac{1}{m}\sum_{i=1}^m \boldsymbol{A}_i\right) \geqslant \frac{1}{m}\sum_{i=1}^m f(\boldsymbol{A}_i).$$

由上面两个式子，可得

$$\sum_{i=1}^m \boldsymbol{A}_i f(\boldsymbol{A}_i) \geqslant \frac{1}{m}\left(\sum_{i=1}^m \boldsymbol{A}_i\right)^{1/2}\sum_{i=1}^m f(\boldsymbol{A}_i)\left(\sum_{i=1}^m \boldsymbol{A}_i\right)^{1/2}. \tag{3.22}$$

对于函数 $f(t)=t^r, 0\leqslant r\leqslant 1$，我们知道它在 $(0,\infty)$ 上是算子单调的，所以，由不等式（3.22），有

$$\sum_{i=1}^m \boldsymbol{A}_i^{r+1} \geqslant \frac{1}{m}\left(\sum_{i=1}^m \boldsymbol{A}_i\right)^{1/2}\left(\sum_{i=1}^m \boldsymbol{A}_i^r\right)\left(\sum_{i=1}^m \boldsymbol{A}_i\right)^{1/2}.$$

于是，有

$$m\lambda_j\left(\sum_{i=1}^m \boldsymbol{A}_i^{r+1}\right) \geqslant \lambda_j\left(\sum_{i=1}^m \boldsymbol{A}_i\cdot\sum_{i=1}^m \boldsymbol{A}_i^r\right). \tag{3.23}$$

令

$$\boldsymbol{X}=\begin{bmatrix} \boldsymbol{A}_1^{1/2} & \boldsymbol{A}_2^{1/2} & \cdots & \boldsymbol{A}_m^{1/2} \\ 0 & 0 & \cdots & 0 \\ \vdots & \vdots & \ddots & \vdots \\ 0 & 0 & \cdots & 0 \end{bmatrix}\begin{bmatrix} \boldsymbol{A}_1^{1/2} & 0 & \cdots & 0 \\ \boldsymbol{A}_2^{1/2} & 0 & \cdots & 0 \\ \vdots & \vdots & \ddots & \vdots \\ \boldsymbol{A}_m^{1/2} & 0 & 0 & 0 \end{bmatrix}\begin{bmatrix} \sum_{i=1}^{m}\boldsymbol{A}_i^r & 0 & \cdots & 0 \\ 0 & 0 & \cdots & 0 \\ \vdots & \vdots & \ddots & \vdots \\ 0 & 0 & \cdots & 0 \end{bmatrix}.$$

除了一些零特征值，矩阵 $\boldsymbol{X}$ 和矩阵

$$\sum_{i=1}^{m}\boldsymbol{A}_i\sum_{i=1}^{m}\boldsymbol{A}_i^r$$

有相同的特征值，同时和下面这个矩阵 $\boldsymbol{Y}$ 的特征值也是一样的

$$\boldsymbol{Y}=\begin{bmatrix} \boldsymbol{A}_1^{1/2} & 0 & \cdots & 0 \\ \boldsymbol{A}_2^{1/2} & 0 & \cdots & 0 \\ \vdots & \vdots & \ddots & \vdots \\ \boldsymbol{A}_m^{1/2} & 0 & 0 & 0 \end{bmatrix}\begin{bmatrix} \sum_{i=1}^{m}\boldsymbol{A}_i^r & 0 & \cdots & 0 \\ 0 & 0 & \cdots & 0 \\ \vdots & \vdots & \ddots & \vdots \\ 0 & 0 & 0 & 0 \end{bmatrix}\begin{bmatrix} \boldsymbol{A}_1^{1/2} & \boldsymbol{A}_2^{1/2} & \cdots & \boldsymbol{A}_m^{1/2} \\ 0 & 0 & \cdots & 0 \\ \vdots & \vdots & \ddots & \vdots \\ 0 & 0 & 0 & 0 \end{bmatrix}.$$

简单计算可知

$$\boldsymbol{Y}=\begin{bmatrix} \boldsymbol{A}_1^{1/2}\sum_{i=1}^{m}\boldsymbol{A}_i^r\boldsymbol{A}_1^{1/2} & \boldsymbol{A}_1^{1/2}\sum_{i=1}^{m}\boldsymbol{A}_i^r\boldsymbol{A}_2^{1/2} & \cdots & \boldsymbol{A}_1^{1/2}\sum_{i=1}^{m}\boldsymbol{A}_i^r\boldsymbol{A}_m^{1/2} \\ \boldsymbol{A}_2^{1/2}\sum_{i=1}^{m}\boldsymbol{A}_i^r\boldsymbol{A}_1^{1/2} & \boldsymbol{A}_2^{1/2}\sum_{i=1}^{m}\boldsymbol{A}_i^r\boldsymbol{A}_2^{1/2} & \cdots & \boldsymbol{A}_2^{1/2}\sum_{i=1}^{m}\boldsymbol{A}_i^r\boldsymbol{A}_m^{1/2} \\ \vdots & \vdots & \ddots & \vdots \\ \boldsymbol{A}_m^{1/2}\sum_{i=1}^{m}\boldsymbol{A}_i^r\boldsymbol{A}_1^{1/2} & \boldsymbol{A}_m^{1/2}\sum_{i=1}^{m}\boldsymbol{A}_i^r\boldsymbol{A}_2^{1/2} & \cdots & \boldsymbol{A}_m^{1/2}\sum_{i=1}^{m}\boldsymbol{A}_i^r\boldsymbol{A}_m^{1/2} \end{bmatrix}.$$

由不等式（3.23）和定理 3.2.1，有

$$\begin{aligned} m\lambda_j\left(\sum_{i=1}^{m}\boldsymbol{A}_i^{r+1}\right) &\geqslant \lambda_j\left(\sum_{i=1}^{m}\boldsymbol{A}_i\sum_{i=1}^{m}\boldsymbol{A}_i^r\right)=\lambda_j(\boldsymbol{X})=\lambda_j(\boldsymbol{Y})\geqslant\lambda_j\{\boldsymbol{Y}[(k,l),(k,l)]\} \\ &\geqslant 2s_j\left(\boldsymbol{A}_k^{1/2}\sum_{i=1}^{m}\boldsymbol{A}_i^r\boldsymbol{A}_l^{1/2}\right) \\ &= 2s_j\left(\boldsymbol{A}_k^{1/2+r}\boldsymbol{A}_l^{1/2}+\boldsymbol{A}_k^{1/2}\boldsymbol{A}_l^{1/2+r}+\boldsymbol{A}_k^{1/2}\sum_{i=1,i\neq k,i\neq l}^{m}\boldsymbol{A}_i^r\boldsymbol{A}_l^{1/2}\right). \end{aligned}$$

在上式中，用 $A_i^{1/(1+r)}$ 代替 A_i，可得

$$s_j\left(\sum_{i=1}^{m}A_i\right)\geqslant\frac{2}{m}s_j\left(A_k^{\frac{2r+1}{2r+2}}A_l^{\frac{1}{2r+2}}+A_k^{\frac{1}{2r+2}}A_l^{\frac{2r+1}{2r+2}}+A_k^{\frac{1}{2r+2}}\sum_{i=1,i\neq k,i\neq l}^{m}A_i^{\frac{r}{r+1}}A_l^{\frac{1}{2r+2}}\right).$$

令

$$v=\frac{2r+1}{2r+2},$$

计算可知

$$\frac{1}{2}\leqslant v\leqslant\frac{3}{4}$$

于是，有

$$s_j\left(\sum_{i=1}^{m}A_i\right)\geqslant\frac{2}{m}s_j\left(A_k^{v}A_l^{1-v}+A_k^{1-v}A_l^{v}+A_k^{1-v}\sum_{i=1,i\neq k,i\neq l}^{m}A_i^{2v-1}A_l^{1-v}\right),\quad \frac{1}{2}\leqslant v\leqslant\frac{3}{4}.$$

另外，矩阵 $\sum_{i=1}^{m}A_i\sum_{i=1}^{m}A_i^r$ 的特征值和矩阵

$$\begin{bmatrix}A_1^{r/2} & A_2^{r/2} & \cdots & A_m^{r/2}\\ 0 & 0 & \cdots & 0\\ \vdots & \vdots & \ddots & \vdots\\ 0 & 0 & \cdots & 0\end{bmatrix}\begin{bmatrix}A_1^{r/2} & 0 & \cdots & 0\\ A_2^{r/2} & 0 & \cdots & 0\\ \vdots & \vdots & \ddots & \vdots\\ A_m^{r/2} & 0 & 0 & 0\end{bmatrix}\begin{bmatrix}\sum_{i=1}^{m}A_i & 0 & \cdots & 0\\ 0 & 0 & \cdots & 0\\ \vdots & \vdots & \ddots & \vdots\\ 0 & 0 & \cdots & 0\end{bmatrix}$$

也是一样的. 用同样的方法，可得

$$s_j\left(\sum_{i=1}^{m}A_i\right)\geqslant\frac{2}{m}s_j\left(A_k^{v}A_l^{1-v}+A_k^{1-v}A_l^{v}+A_k^{1-v}\sum_{i=1,i\neq k,i\neq l}^{m}A_i^{2v-1}A_l^{1-v}\right),\quad \frac{3}{4}\leqslant v\leqslant 1.$$

因此，对于 $\frac{1}{2}\leqslant v\leqslant 1$，有

$$s_j\left(\sum_{i=1}^{m}A_i\right)\geqslant\frac{2}{m}s_j\left(A_k^{v}A_l^{1-v}+A_k^{1-v}A_l^{v}+A_k^{1-v}\sum_{i=1,i\neq k,i\neq l}^{m}A_i^{2v-1}A_l^{1-v}\right).$$

若 $0\leqslant v\leqslant\frac{1}{2}$，则 $\frac{1}{2}\leqslant 1-v\leqslant 1$，所以

$$s_j\left(\sum_{i=1}^{m}A_i\right)\geqslant\frac{2}{m}s_j\left(A_k^{v}A_l^{1-v}+A_k^{1-v}A_l^{v}+A_k^{v}\sum_{i=1,i\neq k,i\neq l}^{m}A_i^{1-2v}A_l^{v}\right).$$

这就完成了证明.

注 3.3.2　若 $m=2$，则可得不等式（3.15）.

注 3.3.3　若 $m=3$，有

$$s_j(\boldsymbol{A}+\boldsymbol{B}+\boldsymbol{C}) \geqslant \max\begin{cases}\dfrac{2}{3}s_j(\boldsymbol{A}^v\boldsymbol{B}^{1-v}+\boldsymbol{A}^{1-v}\boldsymbol{B}^v+\boldsymbol{A}^{v_0}\boldsymbol{C}^{1-2v_0}\boldsymbol{B}^{v_0}),\\ \dfrac{2}{3}s_j(\boldsymbol{A}^v\boldsymbol{C}^{1-v}+\boldsymbol{A}^{1-v}\boldsymbol{C}^v+\boldsymbol{A}^{v_0}\boldsymbol{B}^{1-2v_0}\boldsymbol{C}^{v_0}),\\ \dfrac{2}{3}s_j(\boldsymbol{B}^v\boldsymbol{C}^{1-v}+\boldsymbol{B}^{1-v}\boldsymbol{C}^v+\boldsymbol{B}^{v_0}\boldsymbol{A}^{1-2v_0}\boldsymbol{C}^{v_0})\end{cases}, \quad j=1,2,\cdots,n,$$

其中，$v_0=\min\{v,1-v\}$.

注 3.3.4　在不等式（3.22）中，若令 $m=2$，则可得引理 3.3.1.

3.4　本章小结

本章主要研究了奇异值几何-算术平均值不等式和奇异值 Heinz 不等式，所得结果是已有结果的推广或改进. 在本章中，用到的技巧有矩阵的分解、矩阵分块以及奇异值的性质等.

设 $\boldsymbol{A},\boldsymbol{B}\in M_n$ 为正定矩阵，简单计算可知，不等式（3.4）等价于

$$s_j(\boldsymbol{A}^{3/2}\boldsymbol{B}^{1/2}+\boldsymbol{A}^{1/2}\boldsymbol{B}^{3/2}) \leqslant \frac{1}{2}s_j(\boldsymbol{A}+\boldsymbol{B})^2, \quad j=1,2,\cdots,n.$$

由不等式（3.3），一个有趣的问题是，当 $\dfrac{1}{2}\leqslant r\leqslant\dfrac{3}{2}$ 时，下面的奇异值不等式是否成立？

$$s_j(\boldsymbol{A}^r\boldsymbol{B}^{2-r}+\boldsymbol{A}^{2-r}\boldsymbol{B}^r) \leqslant \frac{1}{2}s_j(\boldsymbol{A}+\boldsymbol{B})^2, \quad j=1,2,\cdots,n. \tag{3.24}$$

这个问题的意义在于，若上面的不等式是成立的，则 Zhan 猜想是成立的.

事实上，由函数

$$f(t)=\frac{1}{t+2}\lambda_j\left[\boldsymbol{A}^2+\boldsymbol{B}^2+\frac{t}{2}(\boldsymbol{A}\boldsymbol{B}+\boldsymbol{B}\boldsymbol{A})\right]$$

在 $(-2,\infty)$ 内是非增的可知

$$\frac{1}{4}s_j(\boldsymbol{A}+\boldsymbol{B})^2 \leqslant \frac{1}{t+2}s_j\left[\boldsymbol{A}^2+\boldsymbol{B}^2+\frac{t}{2}(\boldsymbol{A}\boldsymbol{B}+\boldsymbol{B}\boldsymbol{A})\right], \quad j=1,2,\cdots,n.$$

同时，我们知道，对于任意的 $\boldsymbol{X} \in M_n$，有

$$\lambda_j(\mathrm{Re}\,\boldsymbol{X}) \leqslant s_j(\boldsymbol{X}),$$

所以

$$s_j\left[\boldsymbol{A}^2+\boldsymbol{B}^2+\frac{t}{2}(\boldsymbol{AB}+\boldsymbol{BA})\right] \leqslant s_j(\boldsymbol{A}^2+\boldsymbol{B}^2+t\boldsymbol{AB}), \quad j=1,2,\cdots,n,$$

于是，有

$$\frac{1}{4}s_j(\boldsymbol{A}+\boldsymbol{B})^2 \leqslant \frac{1}{t+2}s_j(\boldsymbol{A}^2+\boldsymbol{B}^2+t\boldsymbol{AB}), \quad j=1,2,\cdots,n.$$

因此，若不等式（3.24）成立，则有

$$s_j(\boldsymbol{A}^r\boldsymbol{B}^{2-r}+\boldsymbol{A}^{2-r}\boldsymbol{B}^r) \leqslant \frac{2}{t+2}s_j(\boldsymbol{A}^2+t\boldsymbol{AB}+\boldsymbol{B}^2), \quad j=1,2,\cdots,n.$$

这就是 Zhan 猜想.

对于如何证明不等式（3.24）成立，目前我们还没有任何思路.

第4章 奇异值弱对数受控

4.1 引言

设 $A,B\in M_n$ 为正定矩阵，Bhatia 和 Kittaneh 在文献[104]中证明了对于任意的 $z\in C$，有

$$\sum_{j=1}^{k}s_j(A-|z|B)\leqslant\sum_{j=1}^{k}s_j(A+zB)\leqslant\sum_{j=1}^{k}s_j(A+|z|B).$$

詹兴致在文献[41]中加强了 Bhatia 和 Kittaneh 的结果，他证明了上面这个不等式的弱对数受控形式也是成立的，即对于任意的 $z\in C$，有

$$\prod_{j=1}^{k}s_j(A-|z|B)\leqslant\prod_{j=1}^{k}s_j(A+zB)\leqslant\prod_{j=1}^{k}s_j(A+|z|B),\quad k=1,2,\cdots,n.\qquad(4.1)$$

设 $A,B\in M_n$，若 A 为正定矩阵，B 是 Hermitian 的，Bhatia 和 Kittaneh 在文献[105]中证明了

$$\prod_{i=1}^{k}s_j(A+B)\leqslant\prod_{i=1}^{k}\sqrt{2}s_j(A+iB),\quad k=1,2,\cdots,n.\qquad(4.2)$$

在本章中，我们将改进或推广不等式（4.1）和不等式（4.2），同时我们还得到几个矩阵乘积的弱对数受控关系.

4.2 矩阵之差的奇异值弱对数受控

设 $a,b\geqslant0$，且 $z\in C$，容易验证

$$|a-|z|b|\leqslant|a+zb|\leqslant|a+|z|b|.$$

利用这个标量不等式以及奇异值和行列式之间的关系，在文献[41]中，詹

兴致得到不等式（4.1）. 简单计算可知，在同样的条件下，有

$$|a-|z|b|\leqslant|a-zb|\leqslant|a+|z|b|.$$

一个自然的问题是：$|a-zb|$和$|a+zb|$之间的关系式是怎样的呢？这个问题的答案是：当$\mathrm{Re}z\geqslant 0$时，有

$$|a-zb|\leqslant|a+zb|,$$

当$\mathrm{Re}z\leqslant 0$时，有

$$|a+zb|\leqslant|a-zb|,$$

于是有，当$\mathrm{Re}z\geqslant 0$时，有

$$|a-|z|b|\leqslant|a-zb|\leqslant|a+zb|\leqslant|a+|z|b|, \tag{4.3}$$

当$\mathrm{Re}z\leqslant 0$时，有

$$|a-|z|b|\leqslant|a+zb|\leqslant|a-zb|\leqslant|a+|z|b|. \tag{4.4}$$

利用不等式（4.3）和不等式（4.4）以及詹兴致在文献[41]中提出的方法，有下面的结果.

定理 4.2.1 设$\boldsymbol{A},\boldsymbol{B}\in M_n$为正定矩阵，$z\in\boldsymbol{C}$. 若$\mathrm{Re}z\geqslant 0$，则

$$\prod_{j=1}^{k}s_j(\boldsymbol{A}-|z|\boldsymbol{B})\leqslant\prod_{j=1}^{k}s_j(\boldsymbol{A}-z\boldsymbol{B})\leqslant\prod_{j=1}^{k}s_j(\boldsymbol{A}+z\boldsymbol{B})\leqslant\prod_{j=1}^{k}s_j(\boldsymbol{A}+|z|\boldsymbol{B}).$$

若$\mathrm{Re}z\leqslant 0$，则

$$\prod_{j=1}^{k}s_j(\boldsymbol{A}-|z|\boldsymbol{B})\leqslant\prod_{j=1}^{k}s_j(\boldsymbol{A}+z\boldsymbol{B})\leqslant\prod_{j=1}^{k}s_j(\boldsymbol{A}-z\boldsymbol{B})\leqslant\prod_{j=1}^{k}s_j(\boldsymbol{A}+|z|\boldsymbol{B}).$$

证明：利用奇异值和行列式之间的关系

$$\prod_{j=1}^{k}s_j(\boldsymbol{A})=\max|\det(\boldsymbol{U}^*\boldsymbol{A}\boldsymbol{U})|,$$

其中，$\boldsymbol{U}$为$n\times k$矩阵，且满足$\boldsymbol{U}^*\boldsymbol{U}=I_k$及上面提到的标量不等式.

显然，定理 4.2.1 是不等式（4.1）的一个加强.

设$a,b\in\boldsymbol{R}$，$x,y\geqslant 0$，则有

$$|a+b|\leqslant\sqrt{x^2+y^2}\left|\frac{a}{x}+i\frac{b}{y}\right|.$$

利用这个不等式以及 Bhatia 和 Kittaneh 在文献[105]中所提出的方法，有下面的结果.

定理 4.2.2 设$\boldsymbol{A},\boldsymbol{B}\in M_n$，若$\boldsymbol{A}$为正定矩阵，$\boldsymbol{B}$是 Hermitian 的，则

$$\prod_{j=1}^{k} s_j(\boldsymbol{A}+\boldsymbol{B}) \leqslant \prod_{j=1}^{k} \sqrt{x^2+y^2}\, s_j\left(\frac{\boldsymbol{A}}{x}+i\frac{\boldsymbol{B}}{y}\right).$$

证明：利用奇异值和行列式之间的关系

$$\prod_{j=1}^{k} s_j(\boldsymbol{A}) = \max|\det(\boldsymbol{U}^*\boldsymbol{A}\boldsymbol{U})|,$$

其中，$\boldsymbol{U}$ 为 $n\times k$ 矩阵，且满足 $\boldsymbol{U}^*\boldsymbol{U}=\boldsymbol{I}_k$ 及上面提到的标量不等式.

定理 4.2.2 是不等式(4.2)的一个推广. 在定理 4.2.2 中，若 $\boldsymbol{A}$ 是 Hermitian 的，则结果可以改为

$$\sum_{j=1}^{k} s_j(\boldsymbol{A}+\boldsymbol{B}) \leqslant \sum_{i=1}^{k} \sqrt{x^2+y^2}\, s_j\left(\frac{\boldsymbol{A}}{x}+i\frac{\boldsymbol{B}}{y}\right).$$

在定理 4.2.2 中，若 $\boldsymbol{B}$ 也为正定矩阵，则结果可以改为

$$s_j(\boldsymbol{A}+\boldsymbol{B}) \leqslant \sqrt{x^2+y^2}\, s_j\left(\frac{\boldsymbol{A}}{x}+i\frac{\boldsymbol{B}}{y}\right).$$

当 $x=y$ 时，有

$$s_j(\boldsymbol{A}+\boldsymbol{B}) \leqslant \sqrt{2}\, s_j(\boldsymbol{A}+i\boldsymbol{B}).$$

简单计算可知，当 $\mathrm{Re}z \geqslant 0$ 时，有

$$|a+|z|b| \leqslant \sqrt{2}\,|a+zb|.$$

利用这个不等式和矩阵奇异值的性质，有

$$s_j(\boldsymbol{A}) = \max_{\dim \boldsymbol{X}=j}\ \min_{x\in \boldsymbol{X},\,\|x\|=1} \|\boldsymbol{A}x\|,$$

可得

$$s_j(\boldsymbol{A}+|z|\boldsymbol{B}) \leqslant \sqrt{2}\, s_j(\boldsymbol{A}+z\boldsymbol{B}), \quad j=1,2,\cdots,n.$$

这是不等式

$$s_j(\boldsymbol{A}+\boldsymbol{B}) \leqslant \sqrt{2}\, s_j(\boldsymbol{A}+i\boldsymbol{B})$$

的一个推广.

4.3　矩阵之积的奇异值弱对数受控

设 $\boldsymbol{A},\boldsymbol{B}\in M_n$，Horn 不等式说的是

$$\prod_{j=1}^{k} s_j(AB) \leqslant \prod_{j=1}^{k} s_j(A) s_j(B).$$

在本节中，利用 Horn 不等式，得到矩阵乘积的一个弱对数受控关系. 作为所得结果的应用，得到几个矩阵酉不变范数的不等式.

定理 4.3.1 设 $A,B \in M_n$ 为正定矩阵，若 $0 \leqslant v \leqslant 1$，则

$$\prod_{j=1}^{k} s_j\left[A^{1/2}B^{1/2}\left(\frac{A^v B^{1-v} + A^{1-v}B^v}{2}\right)\right] \leqslant \prod_{j=1}^{k} s_j\left(\frac{A+B}{2}\right)^2.$$

证明：注意到

$$s_j(A^{1/2}B^{1/2}) \leqslant s_j\left(\frac{A+B}{2}\right),$$

$$s_j\left(\frac{A^v B^{1-v} + A^{1-v}B^v}{2}\right) \leqslant s_j\left(\frac{A+B}{2}\right).$$

于是，由 Horn 不等式，有

$$\begin{aligned}\prod_{j=1}^{k} s_j\left[A^{1/2}B^{1/2}\left(\frac{A^v B^{1-v} + A^{1-v}B^v}{2}\right)\right] &\leqslant \prod_{j=1}^{k} s_j(A^{1/2}B^{1/2}) s_j\left(\frac{A^v B^{1-v} + A^{1-v}B^v}{2}\right) \\ &= \prod_{j=1}^{k} s_j(A^{1/2}B^{1/2}) \prod_{j=1}^{k} s_j\left(\frac{A^v B^{1-v} + A^{1-v}B^v}{2}\right) \\ &\leqslant \prod_{j=1}^{k} s_j\left(\frac{A+B}{2}\right) \prod_{j=1}^{k} s_j\left(\frac{A+B}{2}\right) \\ &= \prod_{j=1}^{k} s_j\left(\frac{A+B}{2}\right)^2.\end{aligned}$$

这就完成了证明.

定理 4.3.2 设 $A,B \in M_n$ 为正定矩阵，若 $0 \leqslant v \leqslant 1$，则

$$\prod_{j=1}^{k} s_j\left[AB\left(\frac{A^v B^{1-v} + A^{1-v}B^v}{2}\right)\right] \leqslant \prod_{j=1}^{k} s_j\left(\frac{A+B}{2}\right)^3.$$

证明：注意到

$$s_j(AB) \leqslant s_j\left(\frac{A+B}{2}\right)^2,$$

$$s_j\left(\frac{A^vB^{1-v}+A^{1-v}B^v}{2}\right)\leqslant s_j\left(\frac{A+B}{2}\right).$$

于是，由 Horn 不等式，有

$$\begin{aligned}\prod_{j=1}^k s_j\left[AB\left(\frac{A^vB^{1-v}+A^{1-v}B^v}{2}\right)\right]&\leqslant\prod_{j=1}^k s_j(AB)s_j\left(\frac{A^vB^{1-v}+A^{1-v}B^v}{2}\right)\\&=\prod_{j=1}^k s_j(AB)\prod_{j=1}^k s_j\left(\frac{A^vB^{1-v}+A^{1-v}B^v}{2}\right)\\&\leqslant\prod_{j=1}^k s_j\left(\frac{A+B}{2}\right)^2\prod_{j=1}^k s_j\left(\frac{A+B}{2}\right)\\&=\prod_{j=1}^k s_j\left(\frac{A+B}{2}\right)^3.\end{aligned}$$

这就完成了证明.

因为弱对数受控蕴含受控，所以，由定理 4.3.1 和定理 4.3.2 可得如下酉不变范数的几何-算术平均值不等式. 在定理 4.3.1 中，取 $v=\frac{1}{2}$，可得

$$\|(A^{1/2}B^{1/2})^2\|\leqslant\frac{1}{4}\|(A+B)^2\|.$$

在定理 4.3.1 中，取 $v=0$ 或 $v=1$，可得

$$\|A^{1/2}B^{1/2}(A+B)\|\leqslant\frac{1}{2}\|(A+B)^2\|.$$

利用同样的方法可得，当 $0\leqslant v\leqslant 1$ 时，有

$$\prod_{j=1}^k s_j\left[B^{1/2}A^{1/2}\left(\frac{A^vB^{1-v}+A^{1-v}B^v}{2}\right)\right]\leqslant\prod_{j=1}^k s_j\left(\frac{A+B}{2}\right)^2.$$

取 $v=\frac{1}{2}$，可得

$$\|B^{1/2}AB^{1/2}\|\leqslant\frac{1}{4}\|(A+B)^2\|.$$

在定理 4.3.2 中，取 $v=\frac{1}{2}$，可得

$$\|ABA^{1/2}B^{1/2}\|\leqslant\frac{1}{8}\|(A+B)^2\|.$$

在定理 4.3.1 中，取 $v=0$ 或 $v=1$，可得

$$\| \boldsymbol{AB}(\boldsymbol{A}+\boldsymbol{B}) \leqslant \frac{1}{4} \| (\boldsymbol{A}+\boldsymbol{B})^2 \|.$$

利用同样的方法可得，当 $0 \leqslant v \leqslant 1$ 时，有

$$\prod_{j=1}^{k} s_j \left[\boldsymbol{BA}\left(\frac{\boldsymbol{A}^v \boldsymbol{B}^{1-v} + \boldsymbol{A}^{1-v} \boldsymbol{B}^v}{2} \right) \right] \leqslant \prod_{j=1}^{k} s_j \left(\frac{\boldsymbol{A}+\boldsymbol{B}}{2} \right)^3.$$

取 $v=\frac{1}{2}$，可得

$$\| \boldsymbol{BA}^{3/2} \boldsymbol{B}^{1/2} \| \leqslant \frac{1}{8} \| (\boldsymbol{A}+\boldsymbol{B})^2 \|.$$

4.4 本章小结

在本章中，利用一些标量不等式、行列式的性质、奇异值的性质以及 Horn 不等式，我们讨论了矩阵之和与矩阵之积的弱对数受控关系. 在本章中起关键作用的是奇异值的极值原理：设 $\boldsymbol{A} \in M_n$，则

$$s_j(\boldsymbol{A}) = \max_{\dim \boldsymbol{X}=j} \min_{x \in \boldsymbol{X}, \|x\|=1} \| \boldsymbol{A}x \|,$$

$$\prod_{j=1}^{k} s_j(\boldsymbol{A}) = \max | \det(\boldsymbol{U}^* \boldsymbol{AU}) |, \quad k=1,2,\cdots,n,$$

其中，$\boldsymbol{U}$ 为 $n \times k$ 矩阵，且满足 $\boldsymbol{U}^* \boldsymbol{U} = I_k$.

第 5 章　矩阵酉不变范数不等式

5.1　引言

设$a,b\geqslant 0$，a和b的 Heinz 均值定义为

$$H_v(a,b)=\frac{a^v b^{1-v}+a^{1-v}b^v}{2},\quad 0\leqslant v\leqslant 1.$$

容易验证，作为参数v的函数，$H_v(a,b)$是凸的，所以有

$$\sqrt{ab}\leqslant H_v(a,b)\leqslant\frac{a+b}{2}.$$

这个不等式的第二部分称为标量的 Heinz 不等式. Bhatia 和 Davis 在文献[42]得到了这个不等式的矩阵版本

$$\| \boldsymbol{A}^{1/2}\boldsymbol{X}\boldsymbol{B}^{1/2} \|\leqslant\left\|\frac{\boldsymbol{A}^v\boldsymbol{X}\boldsymbol{B}^{1-v}+\boldsymbol{A}^{1-v}\boldsymbol{X}\boldsymbol{B}^v}{2}\right\|\leqslant\left\|\frac{\boldsymbol{A}\boldsymbol{X}+\boldsymbol{X}\boldsymbol{B}}{2}\right\|,\quad 0\leqslant v\leqslant 1.$$

在文献中，不等式

$$\| \boldsymbol{A}^{1/2}\boldsymbol{X}\boldsymbol{B}^{1/2} \|\leqslant\left\|\frac{\boldsymbol{A}\boldsymbol{X}+\boldsymbol{X}\boldsymbol{B}}{2}\right\|. \tag{5.1}$$

称为酉不变范数的几何-算术平均值不等式. 另外，不等式

$$\left\|\frac{\boldsymbol{A}^v\boldsymbol{X}\boldsymbol{B}^{1-v}+\boldsymbol{A}^{1-v}\boldsymbol{X}\boldsymbol{B}^v}{2}\right\|\leqslant\left\|\frac{\boldsymbol{A}\boldsymbol{X}+\boldsymbol{X}\boldsymbol{B}}{2}\right\|. \tag{5.2}$$

称为酉不变范数的 Heinz 不等式.

设$a,b\geqslant 0$，经典的 Young 不等式是说，当$0\leqslant v\leqslant 1$时，有

$$a^v b^{1-v}\leqslant va+(1-v)b .$$

Young 不等式等价于

$$ab \leqslant \frac{a^p}{p}+\frac{b^q}{q},$$

其中，$\frac{1}{p}+\frac{1}{q}=1, p,q>0$．设 $\boldsymbol{A}\in M_n$，则它的 Hilbert-Schmidt 范数定义为

$$\|\boldsymbol{A}\|_2=\sqrt{\left(\sum_{i=1}^{n}\sum_{j=1}^{n}\left|a_{ij}\right|^2\right)}=\sqrt{\operatorname{tr}|\boldsymbol{A}|^2}=\sqrt{\sum_{j=1}^{n}s_j^2(\boldsymbol{A})}.$$

显然 Hilbert-Schmidt 范数是酉不变的.

Kosaki 在文献[106]中得到酉不变范数的 Young 不等式

$$\|\boldsymbol{A}^{v}\boldsymbol{X}\boldsymbol{B}^{1-v}\|_2^2\leqslant\|v\boldsymbol{A}\boldsymbol{X}+(1-v)\boldsymbol{X}\boldsymbol{B}\|_2^2. \tag{5.3}$$

这个不等式也独立地出现在文献[107]中.

在本章中，利用凸函数的性质、Hilbert-Schmidt 范数的性质以及一些标量不等式，我们得到了不等式（5.1）、不等式（5.2）以及不等式（5.3）的一些改进或推广，丰富了矩阵酉不变范数不等式的结果.

5.2 酉不变范数几何-算术平均值不等式

设 $\boldsymbol{A},\boldsymbol{X},\boldsymbol{B}\in M_n$，且 $\boldsymbol{A}$ 和 $\boldsymbol{B}$ 为正定矩阵，Kittaneh 和 Manasrah 在文献[108]中得到了不等式（5.1）的一个改进

$$\|\boldsymbol{A}^{1/2}\boldsymbol{X}\boldsymbol{B}^{1/2}\|_2+\frac{1}{2}(\sqrt{\|\boldsymbol{A}\boldsymbol{X}\|_2}-\sqrt{\|\boldsymbol{X}\boldsymbol{B}\|_2})^2\leqslant\left\|\frac{\boldsymbol{A}\boldsymbol{X}+\boldsymbol{X}\boldsymbol{B}}{2}\right\|_2. \tag{5.4}$$

在本节中，我们将推广 Kittaneh 和 Manasrah 的结果. 为了得到我们的结果，需要下面的引理.

引理 5.2.1[109] 设 $\boldsymbol{A},\boldsymbol{X},\boldsymbol{B}\in M_n$，且 $\boldsymbol{A}$ 和 $\boldsymbol{B}$ 为正定矩阵. 若 $0\leqslant v\leqslant 1$，则

$$\|\boldsymbol{A}^{v}\boldsymbol{X}\boldsymbol{B}^{1-v}\|\leqslant\|\boldsymbol{A}\boldsymbol{X}\|^{v}\|\boldsymbol{X}\boldsymbol{B}\|^{1-v}.$$

定理 5.2.1 设 $\boldsymbol{A},\boldsymbol{X},\boldsymbol{B}\in M_n$，且 $\boldsymbol{A}$ 和 $\boldsymbol{B}$ 为正定矩阵. 若 $0\leqslant v\leqslant 1$，则

$$\sqrt{v(1-v)}\|\boldsymbol{A}^{1/2}\boldsymbol{X}\boldsymbol{B}^{1/2}\|_2+\frac{1}{2}[\sqrt{v\|\boldsymbol{A}\boldsymbol{X}\|_2}-\sqrt{(1-v)\|\boldsymbol{X}\boldsymbol{B}\|_2}]^2\leqslant\left\|\frac{v\boldsymbol{A}\boldsymbol{X}+(1-v)\boldsymbol{X}\boldsymbol{B}}{2}\right\|_2.$$

证明： 令

$$l=\{2\sqrt{v(1-v)}\,\|A^{1/2}XB^{1/2}\|_2+[\sqrt{v\|AX\|_2}-\sqrt{(1-v)\|XB\|_2}]^2\}^2$$
$$-\|vAX+(1-v)XB\|_2^2.$$

计算可知

$$\begin{aligned}l=2v(1-v)\|A^{1/2}XB^{1/2}\|_2^2+4\sqrt{v(1-v)}\,\|A^{1/2}XB^{1/2}\|_2[\sqrt{v\|AX\|_2}-\sqrt{(1-v)\|XB\|_2}]^2\\+[\sqrt{v\|AX\|_2}-\sqrt{(1-v)\|XB\|_2}]^4\\-v^2\|AX\|_2^2+(1-v)^2\|XB\|_2^2.\end{aligned}$$

由引理 5.2.1 可知

$$\begin{aligned}l\leqslant 4\sqrt{v(1-v)}\,\|A^{1/2}XB^{1/2}\|_2[\sqrt{v\|AX\|_2}-\sqrt{(1-v)\|XB\|_2}]^2\\+[\sqrt{v\|AX\|_2}-\sqrt{(1-v)\|XB\|_2}]^4\\-[v\|AX\|-(1-v)\|XB\|_2]^2\\=-4\sqrt{v(1-v)}[\sqrt{v\|AX\|_2}-\sqrt{(1-v)\|XB\|_2}]^2\\(\sqrt{\|AX\|_2\|XB\|_2}-\|A^{1/2}XB^{1/2}\|_2)\\\leqslant 0.\end{aligned}$$

这就完成了证明.

注 5.2.1　在定理 5.2.1 中，取 $v=\dfrac{1}{2}$，可得 Kittaneh 和 Manasrah 的结果.

定理 5.2.2　设 $A,X,B\in M_n$，且 A 和 B 为正定矩阵，则

$$\varphi\left(\frac{1}{2}\right)+2\left[\int_0^1\varphi(v)\mathrm{d}v-\varphi\left(\frac{1}{2}\right)\right]\leqslant\varphi(0),$$

其中，

$$\varphi(v)=\left\|\frac{A^vXB^{1-v}+A^{1-v}XB^v}{2}\right\|,\quad 0\leqslant v\leqslant 1.$$

证明： Kittaneh 在文献[110]中证明了

$$\varphi(v)\leqslant 2\left[\varphi\left(\frac{1}{2}\right)-\varphi(0)\right]r_0+\varphi(0),$$

其中，$r_0=\min\{v,1-v\}$. 所以，当 $0\leqslant v\leqslant\dfrac{1}{2}$ 时，由不等式（5.4）可得

$$\varphi(v)\leqslant 2\left[\varphi\left(\frac{1}{2}\right)-\varphi(0)\right]v+\varphi(0).$$

两边积分可得

$$\int_0^{1/2}\varphi(v)\mathrm{d}v \leqslant 2\left[\varphi\left(\frac{1}{2}\right)-\varphi(0)\right]\int_0^{1/2} v\mathrm{d}v+\int_0^{1/2}\varphi(0)\mathrm{d}v,$$

这等价于

$$4\int_0^{1/2}\varphi(v)\mathrm{d}v \leqslant \varphi\left(\frac{1}{2}\right)+\varphi(0).$$

当$\frac{1}{2}\leqslant v\leqslant 1$时，由不等式（5.4）可得

$$\varphi(v)\leqslant 2\left[\varphi\left(\frac{1}{2}\right)-\varphi(0)\right](1-v)+\varphi(0).$$

于是，两边积分有

$$\int_{1/2}^{1}\varphi(v)\mathrm{d}v \leqslant 2\left[\varphi\left(\frac{1}{2}\right)-\varphi(0)\right]\int_{1/2}^{1}(1-v)\mathrm{d}v+\int_0^{1/2}\varphi(0)\mathrm{d}v.$$

这等价于

$$4\int_{1/2}^{1}\varphi(v)\mathrm{d}v \leqslant \varphi\left(\frac{1}{2}\right)+\varphi(0).$$

综上所述，可得

$$\varphi\left(\frac{1}{2}\right)+2\left[\int_0^1\varphi(v)\mathrm{d}v-\varphi\left(\frac{1}{2}\right)\right]\leqslant \varphi(0).$$

这就完成了证明.

注 5.2.2 因为

$$\int_0^1\varphi(v)\mathrm{d}v-\varphi\left(\frac{1}{2}\right)\geqslant 0.$$

所以，定理 5.2.2 是不等式（5.1）的一个改进.

作为定理 5.2.2 的一个应用，我们来改进 Bhatia 和 Kittaneh 在 2000 年得到的一个结果. 在文献[97]中，Bhatia 和 Kittaneh 证明：若 $\boldsymbol{A},\boldsymbol{B}\in M_n$ 为正定矩阵，则

$$\|\boldsymbol{AB}\|\leqslant\frac{1}{4}\|(\boldsymbol{A}+\boldsymbol{B})^2\|. \tag{5.5}$$

这也是一个酉不变范数几何-算术平均值不等式.

定理 5.2.3 设 $\boldsymbol{A},\boldsymbol{B}\in M_n$ 为正定矩阵，则

$$\|\boldsymbol{AB}\|+[\int_0^1 f(v)\mathrm{d}v-2\|\boldsymbol{AB}\|]\leqslant\frac{1}{4}\|(\boldsymbol{A}+\boldsymbol{B})^2\|,$$

其中，

$$\varphi(v)=\left\|\frac{\boldsymbol{A}^{1/2+v}\boldsymbol{B}^{3/2-v}+\boldsymbol{A}^{3/2-v}\boldsymbol{B}^{1/2v}}{2}\right\|,\quad 0\leqslant v\leqslant 1.$$

证明：在定理 5.2.2 中，令

$$\boldsymbol{X}=\boldsymbol{A}^{1/2}\boldsymbol{B}^{1/2},$$

可得

$$\|\boldsymbol{AB}\|+[\int_0^1 f(v)\mathrm{d}v-2\|\boldsymbol{AB}\|]\leqslant\frac{1}{2}\|\boldsymbol{A}^{1/2}(\boldsymbol{A}+\boldsymbol{B})\boldsymbol{B}^{1/2}\|.$$

由不等式（3.4），有

$$\|\boldsymbol{AB}\|+[\int_0^1 f(v)\mathrm{d}v-2\|\boldsymbol{AB}\|]\leqslant\frac{1}{2}\|\boldsymbol{A}^{1/2}(\boldsymbol{A}+\boldsymbol{B})\boldsymbol{B}^{1/2}\|\leqslant\frac{1}{4}\|(\boldsymbol{A}+\boldsymbol{B})^2\|.$$

这就完成了证明.

下面再给出不等式（5.5）的一个改进，并提出一个问题.

定理 5.2.4　设 $\boldsymbol{A},\boldsymbol{B}\in M_n$ 为正定矩阵，则

$$\|\boldsymbol{AB}\|\leqslant\|\int_0^1\boldsymbol{A}^{1/2+t}\boldsymbol{B}^{3/2-t}\mathrm{d}t\|\leqslant\frac{1}{4}\|(\boldsymbol{A}+\boldsymbol{B})^2\|.$$

证明：在定理 3.2.1 中，令

$$\boldsymbol{X}=\boldsymbol{A}+\boldsymbol{B}$$

可得

$$s_j[\boldsymbol{A}^{1/2}(\boldsymbol{A}+\boldsymbol{B})B^{1/2}]\leqslant\frac{1}{2}s_j(\boldsymbol{A}+\boldsymbol{B})^2,\quad j=1,2,\cdots,n.$$

Hiai 和 Kosaki 在文献[111] 中证明了

$$\|\boldsymbol{A}^{1/2}\boldsymbol{X}\boldsymbol{B}^{1/2}\|\leqslant\|\int_0^1\boldsymbol{A}^t\boldsymbol{X}\boldsymbol{B}^{1-t}\mathrm{d}t\|\leqslant\left\|\frac{\boldsymbol{AX}+\boldsymbol{XB}}{2}\right\|.$$

在上面这个不等式中，令

$$\boldsymbol{X}=\boldsymbol{A}^{1/2}\boldsymbol{B}^{1/2}$$

有

$$\|\boldsymbol{AB}\|\leqslant\|\int_0^1\boldsymbol{A}^{1/2+t}\boldsymbol{B}^{3/2-t}\mathrm{d}t\|\leqslant\left\|\frac{\boldsymbol{A}^{1/2}(\boldsymbol{A}+\boldsymbol{B})\boldsymbol{B}^{1/2}}{2}\right\|.$$

于是可知

$$\|AB\| \leqslant \left\|\int_0^1 A^{1/2+t}B^{3/2-t}\mathrm{d}t\right\| \leqslant \frac{1}{4}\|(A+B)^2\|.$$

这就完成了证明.

关于不等式（5.5）的更多信息，可参见文献[112-113].

5.3 酉不变范数 Heinz 不等式

由函数 $H_v(a,b)$ 的凸性，容易证明，当 $0\leqslant v\leqslant 1$ 时，有

$$\frac{a^v b^{1-v}+a^{1-v}b^v}{2} \leqslant 2r_0\sqrt{ab}+(1-2r_0)\frac{a+b}{2}, \tag{5.6}$$

其中，$r_0=\{v,1-v\}$. 一个自然的问题是：不等式（5.6）的矩阵形式是否成立？不等式（5.6）的一个矩阵形式为

$$\left\|\frac{A^v XB^{1-v}+A^{1-v}XB^v}{2}\right\| \leqslant \left\|2r_0 A^{1/2}XB^{1/2}+(1-2r_0)\frac{AX+XB}{2}\right\|. \tag{5.7}$$

遗憾的是，这个不等式不总是成立的，可参见文献[114]中的反例. 不等式（5.6）的另一个矩阵形式为

$$\left\|\frac{A^v XB^{1-v}+A^{1-v}XB^v}{2}\right\| \leqslant 2r_0\|A^{1/2}XB^{1/2}\|+(1-2r_0)\left\|\frac{AX+XB}{2}\right\|. \tag{5.8}$$

由三角不等式我们知道，不等式（5.8）弱于不等式（5.7），这个不等式是成立的，其证明由 Kittaneh 在文献[110]中给出.

Bhatia 在文献[115]中证明了，当 $0\leqslant v\leqslant 1$ 时，有

$$\frac{a^v b^{1-v}+a^{1-v}b^v}{2} \leqslant [1-\alpha(v)]\sqrt{ab}+\alpha(v)\frac{a+b}{2}, \tag{5.9}$$

其中，$\alpha(v)=(1-2v)^2$. 同时，Bhatia 指出，不等式（5.9）的一个矩阵形式为

$$\left\|\frac{A^v XB^{1-v}+A^{1-v}XB^v}{2}\right\| \leqslant \left\|[1-\alpha(v)]A^{1/2}XB^{1/2}+\alpha(v)\frac{AX+XB}{2}\right\|, \tag{5.10}$$

其中，$\alpha(v)=(1-2v)^2$. 遗憾的是，不等式（5.10）只在 $v=0,\frac{1}{2},1$ 时是成立的. 受前面工作的影响，我们提出如下问题：下面这个不等式是否成立？

$$\left\|\frac{A^{\nu}XB^{1-\nu}+A^{1-\nu}XB^{\nu}}{2}\right\|\leqslant[1-\alpha(\nu)]\|A^{1/2}XB^{1/2}\|+\alpha(\nu)\left\|\frac{AX+XB}{2}\right\|.\quad(5.11)$$

在本节中，我们证明不等式（5.11）对于 Hilbert-Schmidt 范数是成立的，并比较了所得结果和已有结果之间的关系.

定理 5.3.1　设 $A,X,B\in M_n$，且 A 和 B 为正定矩阵. 令 $\alpha(\nu)=(1-2\nu)^2$，当 $0\leqslant\nu\leqslant1$ 时，有

$$\left\|\frac{A^{\nu}XB^{1-\nu}+A^{1-\nu}XB^{\nu}}{2}\right\|_2\leqslant\left\|[1-\alpha(\nu)]A^{1/2}XB^{1/2}+\alpha(\nu)\frac{AX+XB}{2}\right\|_2.$$

证明：因为 A,B 为正定矩阵，所以，由谱分解定理可知，存在酉矩阵 $U,V\in M_n$，使得

$$A=U\Lambda_1U^*,B=V\Lambda_2V^*,$$

其中，

$$\Lambda_1=\mathrm{diag}(\lambda_1,\cdots,\lambda_n),\quad \Lambda_2=\mathrm{diag}(\mu_1,\cdots,\mu_n),\quad \lambda_i,\mu_i\geqslant0,\quad i=1,2,\cdots,n.$$

令

$$Y=U^*XV=[y_{ij}],$$

于是有

$$\begin{aligned}\frac{A^{\nu}XB^{1-\nu}+A^{1-\nu}XB^{\nu}}{2}&=\frac{(U\Lambda_1U^*)^{\nu}X(V\Lambda_2V^*)^{1-\nu}+(U\Lambda_1U^*)^{1-\nu}X(V\Lambda_2V^*)^{\nu}}{2}\\&=\frac{(U\Lambda_1^{\nu}U^*)X(V\Lambda_2^{1-\nu}V^*)+(U\Lambda_1^{1-\nu}U^*)X(V\Lambda_2^{\nu}V^*)}{2}\\&=\frac{U\Lambda_1^{\nu}(U^*XV)\Lambda_2^{1-\nu}V^*+U\Lambda_1^{1-\nu}(U^*XV)\Lambda_2^{\nu}V^*}{2}\\&=U\left(\frac{\Lambda_1^{\nu}Y\Lambda_2^{1-\nu}+\Lambda_1^{1-\nu}Y\Lambda_2^{\nu}}{2}\right)V^*.\end{aligned}$$

因此

$$\begin{aligned}\left\|\frac{A^{\nu}XB^{1-\nu}+A^{1-\nu}XB^{\nu}}{2}\right\|_2^2&=\left\|\frac{\Lambda_1^{\nu}Y\Lambda_2^{1-\nu}+\Lambda_1^{1-\nu}Y\Lambda_2^{\nu}}{2}\right\|_2^2\\&=\sum_{i,j=1}^{n}\left(\frac{\lambda_i^{\nu}\mu_j^{1-\nu}+\lambda_i^{1-\nu}\mu_j^{\nu}}{2}\right)^2|y_{ij}|^2.\end{aligned}$$

同样，有

$$\left\|[1-\alpha(v)]A^{1/2}XB^{1/2}+\alpha(v)\frac{AX+XB}{2}\right\|_2^2=\sum_{i,j=1}^{n}\left\{[1-\alpha(v)]\sqrt{\lambda_i\mu_j}+\alpha(v)\frac{\lambda_i+\mu_j}{2}\right\}^2|y_{ij}|^2.$$

由不等式（5.9），可知

$$\sum_{i,j=1}^{n}\left(\frac{\lambda_i^v\mu_j^{1-v}+\lambda_i^{1-v}\mu_j^v}{2}\right)^2|y_{ij}|^2\leqslant\sum_{i,j=1}^{n}\left\{[1-\alpha(v)]\sqrt{\lambda_i\mu_j}+\alpha(v)\frac{\lambda_i+\mu_j}{2}\right\}^2|y_{ij}|^2.$$

这就完成了证明.

下面讨论定理 5.3.1 和已有结果之间的关系.

定理 5.3.2 设 $A,B\in M_n$ 为正定矩阵，令

$$\alpha(v)=(1-2v)^2,r_0=\min\{v,1-v\},\quad 0\leqslant v\leqslant 1,$$

则

$$[1-\alpha(v)]\|A^{1/2}XB^{1/2}\|_2+\alpha(v)\left\|\frac{AX+XB}{2}\right\|_2\leqslant 2r_0\|A^{1/2}XB^{1/2}\|_2+(1-2r_0)\left\|\frac{AX+XB}{2}\right\|_2.$$

证明：记

$$l_1=[1-\alpha(v)]\|A^{1/2}XB^{1/2}\|_2+\alpha(v)\left\|\frac{AX+XB}{2}\right\|_2,$$

$$l_2=2r_0\|A^{1/2}XB^{1/2}\|_2+(1-2r_0)\left\|\frac{AX+XB}{2}\right\|_2.$$

计算可知

$$l_2-l_1=\begin{cases}2v(1-2v)\left(\left\|\frac{AX+XB}{2}\right\|_2-\|A^{1/2}XB^{1/2}\|_2\right), & 0\leqslant v\leqslant\frac{1}{2}\\ 2(2v-1)(1-v)\left(\left\|\frac{AX+XB}{2}\right\|_2-\|A^{1/2}XB^{1/2}\|_2\right), & \frac{1}{2}\leqslant v\leqslant 1.\end{cases}$$

于是，由不等式（5.1）可知 $l_2-l_1\geqslant 0$，这就完成了证明.

由定理 5.3.2 和三角不等式可知，定理 5.3.1 比不等式（5.8）精确. Kittaneh 和 Manasrah 在文献[108]中得到不等式（5.2）的一个改进，他们证明

$$\left\|\frac{A^vXB^{1-v}+A^{1-v}XB^v}{2}\right\|_2\leqslant\left\|\frac{AX+XB}{2}\right\|_2-r_0\left(\sqrt{\|AX\|_2}-\sqrt{\|XB\|_2}\right)^2.\quad(5.12)$$

接下来，我们证明定理 5.3.1 是不等式（5.12）的改进.

定理 5.3.3 设 $A,B\in M_n$ 为正定矩阵，令 $r_0=\min\{v,1-v\},0\leqslant v\leqslant 1$，则

$$2r_0\|A^{1/2}XB^{1/2}\|_2+(1-2r_0)\left\|\frac{AX+XB}{2}\right\|_2\leqslant\left\|\frac{AX+XB}{2}\right\|_2-r_0(\sqrt{\|AX\|_2}-\sqrt{\|XB\|_2})^2.$$

证明：记

$$l_1=2r_0\|A^{1/2}XB^{1/2}\|_2+(1-2r_0)\left\|\frac{AX+XB}{2}\right\|_2,$$

$$l_2=\left\|\frac{AX+XB}{2}\right\|_2-r_0(\sqrt{\|AX\|_2}-\sqrt{\|XB\|_2})^2.$$

简单计算可知

$$l_2-l_1=2r_0\left(\left\|\frac{AX+XB}{2}\right\|_2-\|A^{1/2}XB^{1/2}\|_2-\frac{1}{2}(\sqrt{\|AX\|_2}-\sqrt{\|XB\|_2})^2\right).$$

由不等式（5.4）可知

$$l_2-l_1\geqslant 0.$$

这就完成了证明.

由定理 5.3.2 和定理 5.3.3 可知，定理 5.3.1 是不等式（5.12）的一个改进.

定理 5.3.4　设 $A,B\in M_n$ 为正定矩阵，若 $\frac{2-\sqrt{2}}{4}\leqslant v\leqslant\frac{2+\sqrt{2}}{4}$，$-2<t\leqslant 2$，则

$$\left\|[1-\alpha(v)]A^{1/2}XB^{1/2}+\alpha(v)\frac{AX+XB}{2}\right\|_2\leqslant\frac{1}{t+2}\|tA^{1/2}XB^{1/2}+AX+XB\|_2,$$

其中，

$$\alpha(v)=(1-2v)^2.$$

证明：记

$$l_1=\left\|[1-\alpha(v)]A^{1/2}XB^{1/2}+\alpha(v)\frac{AX+XB}{2}\right\|_2^2,$$

$$l_2=\left\|\frac{t}{t+2}A^{1/2}XB^{1/2}+\frac{2}{t+2}\left(\frac{AX+XB}{2}\right)\right\|_2^2.$$

利用定理 5.3.1 中的计算方式，有

$$l_1=\sum_{i,j=1}^{n}\left\{[1-\alpha(v)]\sqrt{\lambda_i\mu_j}+\alpha(v)\frac{\lambda_i+\mu_j}{2}\right\}^2|y_{ij}|^2,$$

$$l_2=\sum_{i,j=1}^{n}\left[\frac{t\sqrt{\lambda_i\mu_j}}{t+2}+\frac{2}{t+2}\left(\frac{\lambda_i+\mu_j}{2}\right)\right]^2|y_{ij}|^2.$$

因此

$$l_2-l_1=\sum_{i,j=1}^{n}\left\{\left[\frac{t\sqrt{\lambda_i\mu_j}}{t+2}+\frac{2}{t+2}\left(\frac{\lambda_i+\mu_j}{2}\right)\right]^2-\left[(1-\alpha(v))\sqrt{\lambda_i\mu_j}+\alpha(v)\frac{\lambda_i+\mu_j}{2}\right]^2\right\}|y_{ij}|^2 .$$

简单计算可知

$$\begin{aligned}l_2-l_1&=\sum_{i,j=1}^{n}\left\{\begin{array}{l}\left[\left(\frac{t}{t+2}-1+\alpha(v)\right)\sqrt{\lambda_i\mu_j}+\left(\frac{2}{t+2}-\alpha(v)\right)\frac{\lambda_i+\mu_j}{2}\right]\\ \times\left[\left(\frac{t}{t+2}+1-\alpha(v)\right)\sqrt{\lambda_i\mu_j}+\left(\frac{2}{t+2}+\alpha(v)\right)\frac{\lambda_i+\mu_j}{2}\right]\end{array}\right\}\left|y_{ij}\right|^2\\
&=\sum_{i,j=1}^{n}\left\{\begin{array}{l}\left[\left(-\frac{2}{t+2}+\alpha(v)\right)\sqrt{\lambda_i\mu_j}+\left(\frac{2}{t+2}-\alpha(v)\right)\frac{\lambda_i+\mu_j}{2}\right]\\ \times\left[\left(2-\left(\frac{2}{t+2}+\alpha(v)\right)\right)\sqrt{\lambda_i\mu_j}+\left(\frac{2}{t+2}+\alpha(v)\right)\frac{\lambda_i+\mu_j}{2}\right]\end{array}\right\}\left|y_{ij}\right|^2\\
&=\sum_{i,j=1}^{n}\left\{\begin{array}{l}\left(\left(\frac{2}{t+2}-\alpha(v)\right)\left(\frac{\lambda_i+\mu_j}{2}-\sqrt{\lambda_i\mu_j}\right)\right)\\ \times\left[2\sqrt{\lambda_i\mu_j}+\left(\frac{2}{t+2}+\alpha(v)\right)\left(\frac{\lambda_i+\mu_j}{2}-\sqrt{\lambda_i\mu_j}\right)\right]\end{array}\right\}\left|y_{ij}\right|^2.\end{aligned}$$

因为

$$\frac{2-\sqrt{2}}{4}\leqslant v\leqslant\frac{2+\sqrt{2}}{4},\quad -2<t\leqslant 2,$$

所以

$$\frac{2}{t+2}-\alpha(v)\geqslant\frac{2}{2+2}-\alpha(v)=-4v^2+4v-\frac{1}{2}\geqslant 0.$$

于是

$$l_2-l_1\geqslant 0.$$

这就完成了证明.

由定理 5.3.4 可知，定理 5.3.1 是不等式（1.9）的一个改进. 关于 Heinz

不等式的更多结果，可参见文献[116-118].

设 $A \in M_n$，则它的迹范数被定义为

$$\| A \|_1 = \sum_{j=1}^{n} s_j(A) = \mathrm{tr}\, | A |.$$

Kittaneh 和 Manasrah 在文献[108]中证明，当 $0 \leqslant v \leqslant 1$ 时，有

$$\| A^v B^{1-v} + A^{1-v} B^v \|_1 \leqslant \| A + B \|_1 - 2r_0 (\sqrt{\| A \|_1} - \sqrt{\| B \|_1})^2 .$$

接下来，我们给出关于迹范数的一个不等式. 我们的结果是 Kittaneh 和 Manasrah 不等式的改进.

定理 5.3.5　设 $A, B \in M_n$ 为正定矩阵，若 $0 \leqslant v \leqslant 1$，则

$$\| A^v B^{1-v} + A^{1-v} B^v \|_1 \leqslant (1-t) \| A + B \|_1 + 2t \sqrt{\| A \|_1 \cdot \| B \|_1} .$$

证明：由不等式（5.9）可得，对于任意的 $j = 1, 2, \cdots, n$，有

$$\frac{s_j^v(A) s_j^{1-v}(B) + s_j^{1-v}(A) s_j^v(B)}{2} \leqslant t s_j^{1/2}(A) s_j^{1/2}(B) + (1-t) \frac{s_j(A) + s_j(B)}{2} .$$

由 Horn 不等式及 Cauchy-Schwarz 不等式，可得

$$\begin{aligned}
\frac{\| A^v B^{1-v} \|_1 + \| A^{1-v} B^v \|_1}{2} &= \frac{\sum_{j=1}^{n} s_j(A^v B^{1-v}) + \sum_{j=1}^{n} s_j(A^{1-v} B^v)}{2} \\
&\leqslant \frac{\sum_{j=1}^{n} s_j^v(A) s_j^{1-v}(B) + \sum_{j=1}^{n} s_j^{1-v}(A) s_j^v(B)}{2} \\
&\leqslant t \sum_{j=1}^{n} s_j^{1/2}(A) s_j^{1/2}(B) + \left(\frac{1-t}{2} \right) \sum_{j=1}^{n} [s_j(A) + s_j(B)] \\
&\leqslant t \sqrt{\sum_{j=1}^{n} s_j(A) \sum_{j=1}^{n} s_j(B)} + \left(\frac{1-t}{2} \right) \sum_{j=1}^{n} [s_j(A) + s_j(B)] \\
&= (1-t) \mathrm{tr} \left(\frac{A+B}{2} \right) + t \sqrt{\mathrm{tr} A \cdot \mathrm{tr} B} .
\end{aligned}$$

注意到

$$(1-t) \| A + B \|_1 + 2t \sqrt{\| A \|_1 \| B \|_1} = (1-t) \mathrm{tr}(A + B) + 2t \sqrt{\mathrm{tr} A \mathrm{tr} B} .$$

由此可知

$$\| A^v B^{1-v} \|_1 + \| A^{1-v} B^v \|_1 \leqslant (1-t) \| A + B \|_1 + 2t \sqrt{\| A \|_1 \| B \|_1} .$$

由三角不等式，有

$$\| A^{\nu}B^{1-\nu}+A^{1-\nu}B^{\nu}\|_1 \leqslant \| A^{\nu}B^{1-\nu}\|_1+\| A^{1-\nu}B^{\nu}\|_1 .$$

于是

$$\| A^{\nu}B^{1-\nu}+A^{1-\nu}B^{\nu}\|_1 \leqslant (1-t)\| A+B\|_1+2t\sqrt{\| A\|_1\cdot\| B\|_1} .$$

这就完成了证明.

注 5.3.1 现在来讨论定理 5.3.5 与 Kittaneh 和 Manasrah 结果之间的关系. 令

$$K=\| A+B\|_1-2r_0(\sqrt{\| A\|_1}-\sqrt{\| B\|_1})^2-(1-t)\| A+B\|_1-2t\sqrt{\| A\|_1\cdot\| B\|_1} ,$$

其中，$r_0=\min\{\nu,1-\nu\}$. 现在我们分段来计算一下 K，当 $0\leqslant \nu\leqslant \dfrac{1}{2}$ 时，有

$$K=2\nu(1-2\nu)(\| A+B\|_1-2\sqrt{\| A\|_1\cdot\| B\|_1})\geqslant 0.$$

当 $\dfrac{1}{2}\leqslant \nu\leqslant 1$ 时，有

$$K=2(-2\nu^2+3\nu-1)(\| A+B\|_1-2\sqrt{\| A\|_1\cdot\| B\|_1})\geqslant 0.$$

所以定理 5.3.5 是 Kittaneh 和 Manasrah 不等式的改进.

作为本节的结束，给出一个类似于定理 5.3.5 的结果. Bhatia 和 Kittaneh 在文献[103]中指出，奇异值几何-算术平均值不等式是非常漂亮的，对于标量来说，设 $a,b\geqslant 0$，则

$$ab+ba\leqslant a^2+b^2 .$$

对应的奇异值不等式为

$$s_j(AB+BA)\leqslant s_j(A^2+B^2),\quad j=1,2,\cdots,n.$$

遗憾的是，这个不等式不总是成立的. 然而，比上面这个不等式稍微弱一些的酉不变范数不等式

$$\| AB+BA\|\leqslant\| A^2+B^2\|$$

是成立的，这个不等式是比较容易得到的. 现在给出这个不等式的一个推广，为此，需要下面的引理[119]. 矩阵 $G\in M_n$ 被称为是秩 k 部分等距矩阵，若它满足

$$s_1(A)=\cdots=s_k(A)=1,\quad s_{k+1}(A)=\cdots=s_n(A)=0.$$

我们用 μ_n^k 表示秩 k 部分等距矩阵的全体.

引理 5.3.1 设 $X\in M_n$，则

$$\sum_{j=1}^{k} s_j(\boldsymbol{X}) = \max\{|\operatorname{tr}(\boldsymbol{X}\boldsymbol{G})|, \boldsymbol{G} \in \mu_n^k\}, \quad 1 \leqslant k \leqslant n.$$

定理 5.3.6　设 $\boldsymbol{A}, \boldsymbol{B} \in M_n$ 为正定矩阵，若 $0 \leqslant v \leqslant 1$，则

$$\| \boldsymbol{A}^v \boldsymbol{B}^{1-v} + \boldsymbol{B}^{1-v} \boldsymbol{A}^v \| \leqslant 2 \| v\boldsymbol{A} + (1-v)\boldsymbol{B} \|.$$

证明：由引理 5.3.1 可知，存在 $\boldsymbol{G} \in \mu_n^k$，使得

$$\sum_{j=1}^{k} s_j(\boldsymbol{A}^v \boldsymbol{B}^{1-v} + \boldsymbol{B}^{1-v} \boldsymbol{A}^v) = |\operatorname{tr}[(\boldsymbol{A}^v \boldsymbol{B}^{1-v} + \boldsymbol{B}^{1-v} \boldsymbol{A}^v)\boldsymbol{G}]|.$$

因此

$$\begin{aligned}
\sum_{j=1}^{k} s_j(\boldsymbol{A}^v \boldsymbol{B}^{1-v} + \boldsymbol{B}^{1-v} \boldsymbol{A}^v) &= |\operatorname{tr}[(\boldsymbol{A}^v \boldsymbol{B}^{1-v} + \boldsymbol{B}^{1-v} \boldsymbol{A}^v)\boldsymbol{G}]| \\
&= |\operatorname{tr}(\boldsymbol{A}^v \boldsymbol{B}^{1-v}\boldsymbol{G} + \boldsymbol{B}^{1-v} \boldsymbol{A}^v\boldsymbol{G})| \\
&\leqslant |\operatorname{tr}(\boldsymbol{A}^v \boldsymbol{B}^{1-v}\boldsymbol{G})| + |\operatorname{tr}(\boldsymbol{B}^{1-v} \boldsymbol{A}^v\boldsymbol{G})| \\
&\leqslant \sum_{j=1}^{k} s_j(\boldsymbol{A}^v \boldsymbol{B}^{1-v}) + \sum_{i=1}^{k} s_i(\boldsymbol{B}^{1-v} \boldsymbol{A}^v) \\
&\leqslant 2\sum_{j=1}^{k} s_j[v\boldsymbol{A} + (1-v)\boldsymbol{B}].
\end{aligned}$$

第一个不等式利用了三角不等式，第二个不等式再一次利用了引理 5.3.1，最后一个不等式我们用了奇异值 Young 不等式

$$s_j(\boldsymbol{A}^v \boldsymbol{B}^{1-v}) \leqslant s_j[v\boldsymbol{A} + (1-v)\boldsymbol{B}], \quad j = 1, 2, \cdots, n.$$

这个结果归功于 Ando[120]. 于是，由 Fan 支配原理可知

$$\| \boldsymbol{A}^v \boldsymbol{B}^{1-v} + \boldsymbol{B}^{1-v} \boldsymbol{A}^v \| \leqslant 2 \| v\boldsymbol{A} + (1-v)\boldsymbol{B} \|.$$

这就完成了证明.

5.4　酉不变范数 Young 型不等式

设 $a, b \geqslant 0$，2000 年，Hirzallah 和 Kittaneh 在文献[121]中给出 Young 不等式的一个改进，他们证明，若 $0 \leqslant v \leqslant 1$，则

$$(a^v b^{1-v})^2 + r_0^2 (a-b)^2 \leqslant (va + (1-v)b)^2,$$

其中，$r_0 = \min\{v, 1-v\}$. 利用这个不等式，他们得到了不等式（5.3）的一个改进：设 $\boldsymbol{A}, \boldsymbol{X}, \boldsymbol{B} \in M_n$，且 $\boldsymbol{A}, \boldsymbol{B}$ 为正定矩阵. 若 $0 \leqslant v \leqslant 1$，则

$$\| A^{v} XB^{1-v} \|_2^2 + r_0^2 \| AX - XB \|_2^2 \leqslant \| vAX + (1-v)XB \|_2^2, \tag{5.13}$$

其中，$r_0 = \min\{v, 1-v\}$．在本节中，我们给出不等式（5.13）的逆向不等式，为此需要如下引理.

引理 5.4.1　设 $a,b \geqslant 0$，若 $0 \leqslant v \leqslant 1$，则

$$va^2 + (1-v)b^2 \leqslant (a^v b^{1-v})^2 + s_0(a-b)^2,$$

其中，$s_0 = \max\{v, 1-v\}$.

证明：当 $\frac{1}{2} \leqslant v \leqslant 1$时，由均值不等式，有

$$\begin{aligned}(a^v b^{1-v})^2 + s_0(a-b)^2 - va^2 - (1-v)b^2 &= (a^v b^{1-v})^2 + (2v-1)b^2 - 2vab \\ &= (a^v b^{1-v})^2 + (2v-1)b^2 + (2-2v)ab - 2ab \\ &\geqslant (a^v b^{1-v})^2 + (a^{1-v} b^v)^2 - 2ab \geqslant 0.\end{aligned}$$

当 $0 \leqslant v \leqslant \frac{1}{2}$时，由均值不等式，有

$$\begin{aligned}(a^v b^{1-v})^2 + s_0(a-b)^2 - va^2 - (1-v)b^2 &= (a^v b^{1-v})^2 + (1-2v)a^2 - 2(1-v)ab \\ &= (a^v b^{1-v})^2 + (1-2v)a^2 + 2vab - 2ab \\ &\geqslant (a^v b^{1-v})^2 + (a^{1-v} b^v)^2 - 2ab \geqslant 0.\end{aligned}$$

因此，对于所有的 $v \in [0,1]$，有

$$va^2 + (1-v)b^2 \leqslant (a^v b^{1-v})^2 + s_0(a-b)^2 .$$

这就完成了证明.

引理 5.4.1 可在文献[122]中找到，但在文献[122]中只有结果，在这里给出一个简短的证明.

引理 5.4.2　设 $a,b \geqslant 0$．若 $0 \leqslant v \leqslant 1$，则

$$(va + (1-v)b)^2 \leqslant (a^v b^{1-v})^2 + s_0^2(a-b)^2,$$

其中，$s_0 = \max\{v, 1-v\}$.

证明：当 $v = \frac{1}{2}$时，结论显然成立，下面分两种情况来讨论．当 $\frac{1}{2} \leqslant v \leqslant 1$时，有

$$\begin{aligned}[va + (1-v)b]^2 - s_0^2(a-b)^2 &= [va + (1-v)b]^2 - v^2(a-b)^2 \\ &= (1-2v)b^2 + 2vab \\ &= va^2 + (1-v)b^2 + 2vab - vb^2 - va^2.\end{aligned}$$

由引理 5.4.1，可得

$$va^2+(1-v)b^2+2vab-vb^2-va^2\leqslant(a^vb^{1-v})^2$$

因此

$$[va+(1-v)b]^2\leqslant(a^vb^{1-v})^2+v^2(a-b)^2.$$

当$0\leqslant v\leqslant\frac{1}{2}$时，有

$$\begin{aligned}[va+(1-v)b]^2-s_0^2(a-b)^2&=[va+(1-v)b]^2-(1-v)^2(a-b)^2\\&=(2v-1)a^2+2(1-v)ab\\&=va^2+(1-v)b^2+2(1-v)ab-(1-v)a^2-(1-v)b^2.\end{aligned}$$

由引理 5.4.1 可得

$$va^2+(1-v)b^2+2(1-v)ab-(1-v)a^2-(1-v)b^2\leqslant(a^vb^{1-v})^2$$

于是

$$(va+(1-v)b)^2\leqslant(a^vb^{1-v})^2+(1-v)^2(a-b)^2.$$

综上所述，对于所有的$v\in[0,1]$，都有

$$[va+(1-v)b]^2\leqslant(a^vb^{1-v})^2+s_0^2(a-b)^2.$$

这就完成了证明.

定理 5.4.1　设$\boldsymbol{A},\boldsymbol{X},\boldsymbol{B}\in M_n$，且$\boldsymbol{A},\boldsymbol{B}$为正定矩阵，若$0\leqslant v\leqslant1$，则

$$\|v\boldsymbol{AX}+(1-v)\boldsymbol{XB}\|_2^2\leqslant\|\boldsymbol{A}^v\boldsymbol{XB}^{1-v}\|_2^2+s_0^2\|\boldsymbol{AX}-\boldsymbol{XB}\|_2^2,$$

其中，$s_0=\max\{v,1-v\}$.

证明：因为$\boldsymbol{A},\boldsymbol{B}$为正定矩阵，所以，由谱分解定理可知，存在酉矩阵$\boldsymbol{U},\boldsymbol{V}\in M_n$，使得

$$\boldsymbol{A}=\boldsymbol{U\Lambda_1U}^*,\boldsymbol{B}=\boldsymbol{V\Lambda_2V}^*,$$

其中，

$$\boldsymbol{\Lambda}_1=\operatorname{diag}(\lambda_1,\cdots,\lambda_n),\quad\boldsymbol{\Lambda}_2=\operatorname{diag}(\mu_1,\cdots,\mu_n),\quad\lambda_i,\mu_i\geqslant0,\quad i=1,2,\cdots,n.$$

令

$$\boldsymbol{Y}=\boldsymbol{U}^*\boldsymbol{XV}=[y_{ij}],$$

所以，可知

$$v\boldsymbol{AX}+(1-v)\boldsymbol{XB}=\boldsymbol{U}[v\boldsymbol{\Lambda}_1\boldsymbol{Y}+(1-v)\boldsymbol{Y\Lambda}_2]\boldsymbol{V}^*=\boldsymbol{U}\{[v\lambda_i+(1-v)\mu_j]y_{ij}\}\boldsymbol{V}^*,$$

$$\boldsymbol{AX}-\boldsymbol{XB}=\boldsymbol{U}[(\lambda_i-\mu_j)y_{ij}]\boldsymbol{V}^*,$$

以及

$$\boldsymbol{A}^v\boldsymbol{XB}^{1-v}=\boldsymbol{U}[\lambda_i^v\mu_j^{1-v}y_{ij}]\boldsymbol{V}^*.$$

因此，由引理 5.4.2，有

$$\begin{aligned}\| vAX+(1-v)XB\|_2^2&=\sum_{i,j=1}^{n}[v\lambda_i+(1-v)\mu_j]^2|y_{ij}|^2\\&\leqslant\sum_{i,j=1}^{n}(\lambda_i^v\mu_j^{1-v})^2|y_{ij}|^2+s_0^2\sum_{i,j=1}^{n}(\lambda_i-\mu_j)^2|y_{ij}|^2\\&=\| A^vXB^{1-v}\|_2^2+s_0^2\| AX-XB\|_2^2.\end{aligned}$$

这就完成了证明.

接下来给出引理 5.4.1 的另外一个应用.

引理 5.4.3 设 $a,b\geqslant 0$，若 $0\leqslant v\leqslant 1$，则

$$(a+b)^2\leqslant(a^vb^{1-v}+a^{1-v}b^v)^2+2s_0(a-b)^2,$$

其中，$s_0=\max\{v,1-v\}$.

证明：由引理 5.4.1，有

$$\begin{aligned}(a+b)^2-(a^vb^{1-v}+a^{1-v}b^v)^2&=a^2+b^2-(a^vb^{1-v})^2-(a^{1-v}b^v)^2\\&=va^2+(1-v)b^2-(a^vb^{1-v})^2+(1-v)a^2+vb^2-(a^{1-v}b^v)^2\\&\leqslant s_0(a-b)^2+s_0(a-b)^2\\&=2s_0(a-b)^2.\end{aligned}$$

这就完成了证明.

定理 5.4.2 设 $A,X,B\in M_n$，且 A,B 为正定矩阵. 若 $0\leqslant v\leqslant 1$，则

$$\| AX+XB\|_2^2\leqslant\| A^vXB^{1-v}+A^{1-v}XB^v\|_2^2+2s_0\| AX-XB\|_2^2,$$

其中，$s_0=\max\{v,1-v\}$.

证明：因为 A,B 为正定矩阵，所以，由谱分解定理可知，存在酉矩阵 $U,V\in M_n$，使得

$$A=U\Lambda_1U^*,B=V\Lambda_2V^*,$$

其中，

$$\Lambda_1=\mathrm{diag}(\lambda_1,\cdots,\lambda_n),\quad \Lambda_2=\mathrm{diag}(\mu_1,\cdots,\mu_n),\quad \lambda_i,\mu_i\geqslant 0,\quad i=1,2,\cdots,n.$$

令

$$Y=U^*XV=[y_{ij}],$$

于是有

$$A^vXB^{1-v}+A^{1-v}XB^v=U(\Lambda_1^vY\Lambda_2^{1-v}+\Lambda_1^{1-v}Y\Lambda_2^v)V^*.$$

所以

$$\| A^v XB^{1-v} + A^{1-v} XB^v \|_2^2 = \sum_{i,j=1}^{n} (\lambda_i^v \mu_j^{1-v} + \lambda_i^{1-v} \mu_j^v)^2 | y_{ij} |^2 .$$

由引理 5.4.3 可知

$$\begin{aligned}\| AX + XB \|_2^2 &= \sum_{i,j=1}^{n} (\lambda_i + \mu_j)^2 | y_{ij} |^2 \\ &\leqslant \sum_{i,j=1}^{n} (\lambda_i^v \mu_j^{1-v} + \lambda_i^{1-v} \mu_j^v)^2 | y_{ij} |^2 + 2s_0 \sum_{i,j=1}^{n} (\lambda_i - \mu_j)^2 | y_{ij} |^2 \\ &= \| A^v XB^{1-v} + A^{1-v} XB^v \|_2^2 + 2s_0 \| AX - XB \|_2^2 .\end{aligned}$$

这就完成了证明.

作为引理 5.4.1 的另一个应用，给出一个涉及迹范数和 Hilbert-Schmidt 范数的 Heinz 型不等式.

定理 5.4.3　设 $A, X, B \in M_n$，且 A, B 为正定矩阵. 若 $0 \leqslant v \leqslant 1$，则

$$\operatorname{tr}(vA + (1-v)B) \leqslant \| A^v \|_2 \| B^{1-v} \|_2 + s_0(\operatorname{tr}A + \operatorname{tr}B - \operatorname{tr} | A^{1/2} B^{1/2} |),$$

其中，$s_0 = \max\{v, 1-v\}$.

证明：由引理 5.4.1 可知，对于任意的 $j = 1, 2, \cdots, n$，有

$$vs_j(A) + (1-v)s_j(B) \leqslant s_j^v(A) s_j^{1-v}(B) + s_0[s_j^{1/2}(A) - s_j^{1/2}(B)]^2$$

由 Horn 不等式及 Cauchy-Schwarz 不等式，可得

$$\begin{aligned}\operatorname{tr}[vA + (1-v)B] &= v\operatorname{tr}A + (1-v)\operatorname{tr}B \\ &= \sum_{j=1}^{n} [vs_j(A) + (1-v)s_j(B)] \\ &\leqslant \sum_{j=1}^{n} s_j(A^v) s_j(B^{1-v}) + s_0 \sum_{j=1}^{n} [s_j^{1/2}(A) - s_j^{1/2}(B)]^2 \\ &= \sum_{j=1}^{n} s_j(A^v) s_j(B^{1-v}) + s_0 \sum_{j=1}^{n} [s_j(A) + s_j(B)] - 2s_0 \sum_{j=1}^{n} s_j^{1/2}(A) s_j^{1/2}(B) \\ &\leqslant \left[\sum_{j=1}^{n} s_j^2(A^v)\right]^{1/2} \left[\sum_{j=1}^{n} s_j^2(B^{1-v})\right]^{1/2} + s_0 \left[\operatorname{tr}A + \operatorname{tr}B - \sum_{j=1}^{n} s_j(A^{1/2} B^{1/2})\right] \\ &= \| A^v \|_2 \| B^{1-v} \|_2 + s_0(\operatorname{tr}A + \operatorname{tr}B - \operatorname{tr} | A^{1/2} B^{1/2} |).\end{aligned}$$

这就完成了证明.

5.5 Bhatia 和 Kittaneh 结果的推广

设 $\boldsymbol{A},\boldsymbol{B}\in M_n$ 为正定矩阵，m 为正整数，1998 年，Bhatia 和 Kittaneh 在文献[104]中得到了如下结果

$$\|\boldsymbol{A}^m+\boldsymbol{B}^m\|\leqslant\|(\boldsymbol{A}+\boldsymbol{B})^m\|. \tag{5.14}$$

在他们的证明中，起关键作用的是下面这个恒等式

$$\boldsymbol{A}^m+\boldsymbol{B}^m=\frac{(\boldsymbol{A}+\boldsymbol{B})^m+(\boldsymbol{A}+\varpi\boldsymbol{B})^m+\cdots+(\boldsymbol{A}+\varpi^{m-1}\boldsymbol{B})^m}{m},$$

其中，$\boldsymbol{A},\boldsymbol{B}\in M_n$，$\varpi$ 为单位根. Ando 教授和詹兴致教授在文献[123]中将不等式（5.14）推广为

$$\|\boldsymbol{A}^p+\boldsymbol{B}^p\|\geqslant\|(\boldsymbol{A}+\boldsymbol{B})^p\|,\quad 0<p\leqslant 1,$$
$$\|\boldsymbol{A}^p+\boldsymbol{B}^p\|\leqslant\|(\boldsymbol{A}+\boldsymbol{B})^p\|,\quad 1\leqslant p<\infty.$$

关于更多的算子 Löwner 偏序与矩阵奇异值不等式，可参见文献[124-166]. 在本节中，我们将给出不等式（5.14）的几种推广.

定理 5.5.1 设 $\boldsymbol{A},\boldsymbol{B}\in M_n$ 为正规矩阵，则对于任意的整数 m 都有

$$\|\boldsymbol{A}^m+\boldsymbol{B}^m\|\leqslant\|(|\boldsymbol{A}|+|\boldsymbol{B}|)^m\|.$$

证明：由上面的恒等式可知，对于任意的矩阵，有

$$\|\boldsymbol{A}^m+\boldsymbol{B}^m\|=\left\|\frac{(\boldsymbol{A}+\boldsymbol{B})^m+(\boldsymbol{A}+\varpi\boldsymbol{B})^m+\cdots+(\boldsymbol{A}+\varpi^{m-1}\boldsymbol{B})^m}{m}\right\|.$$

于是，由三角不等式可得

$$\|\boldsymbol{A}^m+\boldsymbol{B}^m\|\leqslant\frac{1}{m}\{\|(\boldsymbol{A}+\boldsymbol{B})^m\|+\|(\boldsymbol{A}+\varpi\boldsymbol{B})^m\|+\cdots+\|(\boldsymbol{A}+\varpi^{m-1}\boldsymbol{B})^m\|\}.$$

注意到，若 $\boldsymbol{A},\boldsymbol{B}\in M_n$ 为正规矩阵，则

$$\|\boldsymbol{A}+\boldsymbol{B}\|\leqslant\||\boldsymbol{A}|+|\boldsymbol{B}|\|.$$

所以

$$\|\boldsymbol{A}+\varpi^{i-1}\boldsymbol{B}\|\leqslant\||\boldsymbol{A}|+|\boldsymbol{B}|\|,\quad i=1,2,\cdots,m.$$

又因为，若 $\|\boldsymbol{X}\|\leqslant\|\boldsymbol{Y}\|$，其中 $\boldsymbol{Y}$ 是正定的，则有 $\|\boldsymbol{X}^m\|\leqslant\|\boldsymbol{Y}^m\|$，由此可知

$$\|(\boldsymbol{A}+\varpi^{i-1}\boldsymbol{B})^m\|\leqslant\|(|\boldsymbol{A}|+|\boldsymbol{B}|)^m\|,\quad i=1,2,\cdots,m.$$

因此可得

$$\| A^m + B^m \| \leqslant \| (|A| + |B|)^m \|.$$

这就完成了证明.

接下来继续推广定理 5.5.1，为此，需要下面的引理.

引理 5.5.1[167]　设 $A,B \in M_n$ 为正规矩阵，则 $f:[0,\infty) \to [0,\infty)$ 为凹函数，对于任意的酉不变范数，有

$$\| f(|A+B|) \| \leqslant \| f(|A|) + f(|B|) \|.$$

定理 5.5.2　设 $g(t) = \sum_{k=1}^{m} a_k t^k, a_k \geqslant 0$ 为通过原点的多项式，其中，系数 $a_k, k = 1,2,\cdots,m$ 非负，则对于任意正规矩阵 A,B，有

$$\| g(A) + g(B) \| \leqslant \| g(|A| + |B|) \|.$$

证明: 设 X,Y 为正规矩阵，$f(t) = g^{-1}(t)$ 为 $g(t)$ 的反函数，其中，$t \in [0,\infty)$. 由引理 5.5.1 可知

$$\| f(|X+Y|) \| \leqslant \| f(|X|) + f(|Y|) \|.$$

因为 $g(t)$ 是 $[0,\infty)$ 上的递增凸函数，所以，它保持弱受控，即

$$\|| X+Y |\| \leqslant \| g(f(|X|) + f(|Y|)) \|.$$

令

$$X = g(A), Y = g(B).$$

于是，有

$$\|| g(A) + g(B) |\| \leqslant \| g[f(|g(A)|] + f[|g(B)|)] \|. \tag{5.15}$$

注意到

$$|g(A)| = g(|A|), |g(B)| = g(|B|)$$

以及

$$f(g(t)) = t, \quad t \in [0,\infty).$$

所以，不等式（5.15）可改写为

$$\| g(A) + g(B) \| \leqslant \| g(|A| + |B|) \|.$$

这就完成了证明.

注 5.5.1　设 $g(t) = t^m$，则由定理 5.5.2 可得

$$\| A^m + B^m \| \leqslant \| (|A| + |B|)^m \|.$$

于是，我们可知定理 5.5.2 是定理 5.5.1 的一个推广.

定理 5.5.3　设 $A,B \in M_n$，实数 $p,q > 1$，且满足 $\frac{1}{p} + \frac{1}{q} = 1$，则对于任意

正整数 m，有

$$\| A|A|^{m-1}+B|B|^{m-1} \| \leqslant \| (|A|^m+|B|^m)^{p/2} \|^{1/p} \| (|A^*|^m+|B^*|^m)^{q/2} \|^{1/q}.$$

证明：设 $A,B\in M_n$，其极分解为 $A=U|A|$，$B=V|B|$，则有

$$\begin{bmatrix} |A| & A^* \\ A & |A^*| \end{bmatrix} = \begin{bmatrix} I & 0 \\ 0 & U \end{bmatrix} \begin{bmatrix} |A| & |A| \\ |A| & |A| \end{bmatrix} \begin{bmatrix} I & 0 \\ 0 & U^* \end{bmatrix} \geqslant 0,$$

$$\begin{bmatrix} |B| & B^* \\ B & |B^*| \end{bmatrix} = \begin{bmatrix} I & 0 \\ 0 & V \end{bmatrix} \begin{bmatrix} |B| & |B| \\ |B| & |B| \end{bmatrix} \begin{bmatrix} I & 0 \\ 0 & V^* \end{bmatrix} \geqslant 0.$$

于是

$$\begin{bmatrix} |A| & A^* \\ A & |A^*| \end{bmatrix}^m + \begin{bmatrix} |B| & B^* \\ B & |B^*| \end{bmatrix}^m = 2^{m-1} \begin{bmatrix} |A|^m+|B|^m & |A|^m U^*+|B|^m V^* \\ U|A|^m+V|B|^m & |A^*|^m+|B^*|^m \end{bmatrix} \geqslant 0.$$

因此，存在压缩矩阵 K，使得

$$U|A|^m+V|B|^m=(|A|^m+|B|^m)^{1/2} K (|A^*|^m+|B^*|^m)^{1/2}$$

对于任意 $k=1,2,\cdots,n$，由 Horn 不等式，有

$$\prod_{j=1}^k s_j(U|A|^m+V|B|^m) \leqslant \prod_{j=1}^k s_j^{1/2}(|A|^m+|B|^m) s_j^{1/2}(|A^*|^m+|B^*|^m). \quad (5.16)$$

令

$$X=\operatorname{diag}[s_1^{1/2}(|A|^m+|B|^m),\cdots,s_n^{1/2}(|A|^m+|B|^m)],$$

$$Y=\operatorname{diag}[s_1^{1/2}(|A^*|^m+|B^*|^m),\cdots,s_n^{1/2}(|A^*|^m+|B^*|^m)].$$

于是，不等式（5.16）等价于

$$\prod_{j=1}^k s_j(U|A|^m+V|B|^m) \leqslant \prod_{j=1}^k s_j(XY).$$

因为弱对数受控蕴含着受控，所以有

$$\sum_{j=1}^k s_j(U|A|^m+V|B|^m) \leqslant \sum_{j=1}^k s_j(XY).$$

由 Fan 支配原理可知，上面的受控等价于

$$\| U|A|^m+V|B|^m \| \leqslant \| XY \|.$$

由矩阵酉不变范数的 Hölder 不等式，可知

$$\| XY \| \leqslant \| X^p \|^{1/p} \| Y^q \|^{1/q}.$$

由上面两个不等式，可得

$$\| A|A|^{m-1}+B|B|^{m-1} \| \leqslant \| (|A|^m+|B|^m)^{p/2} \|^{1/p} \| (|A^*|^m+|B^*|^m)^{q/2} \|^{1/q}.$$

这就完成了证明.

推论 5.5.1　设 $A,B\in M_n$，则对于任意的正整数 m，有

$$\|A|A|^{m-1}+B|B|^{m-1}\|\leqslant\|(|A|^m+|B|^m)^{p/2}\|^{1/p}\|(|A^*|^m+|B^*|^m)^{q/2}\|^{1/q}.$$

证明：在定理 5.5.3 中，令 $p=q=2$，可得

$$\|A|A|^{m-1}+B|B|^{m-1}\|\leqslant\||A|^m+|B|^m\|^{1/2}\||A^*|^m+|B^*|^m\|^{1/2}.$$

由注 5.5.1 有

$$\|A|A|^{m-1}+B|B|^{m-1}\|\leqslant\|(|A|+|B|)^m\|^{1/2}\|(|A^*|+|B^*|)^m\|^{1/2}.$$

这就完成了证明.

注 5.5.2　在推论 5.5.1 中，若 $A,B\in M_n$ 为正定矩阵，则可得不等式（5.14）.

注 5.5.3　在定理 5.5.4 中，若令 $m=1$，则

$$\|A+B\|\leqslant\|(|A|+|B|)^{p/2}\|^{1/p}\|(|A^*|+|B^*|)^{q/2}\|^{1/q}.$$

特别地，当 $p=q=2$ 时，有

$$\|A+B\|\leqslant\||A|+|B|\|^{1/2}\||A^*|+|B^*|\|^{1/2}. \tag{5.17}$$

Kittaneh 在文献[168]中证明了，对于任意 $A,B\in M_n$，有

$$\|A+B\|_2^2\leqslant\frac{1}{2}(\||A|+|B|\|_2^2+\||A^*|+|B^*|\|_2^2), \tag{5.18}$$

简单计算可知，不等式（5.17）是不等式（5.18）的改进.

注 5.5.4　设 $A,B\in M_n$，对于算子范数 $\|\cdot\|_\infty$，有

$$\|A+B\|_\infty\leqslant\sqrt{2}\||A|+|B|\|_\infty, \tag{5.19}$$

因为

$$\||A^*|+|B^*|\|\leqslant\||A^*|\|+\||B^*|\|\leqslant 2\||A|+|B|\|,$$

所以，不等式（5.17）是不等式（5.19）的改进.

最后，我们考虑矩阵幂为任意正实数的情形.

定理 5.5.4　设 $A,B\in M_n$ 为正规矩阵，且 $p>0$，则

$$\||A|^p+|B|^p\|\geqslant\||A+B|^p\|,\quad 0<p\leqslant 1,$$

$$\|A^{\lfloor p\rfloor}|A|^{p-\lfloor p\rfloor}+B^{\lfloor p\rfloor}|B|^{p-\lfloor p\rfloor}\|\leqslant\|(|A|+|B|)^p\|,\quad 1\leqslant p<\infty,$$

其中，$\lfloor x\rfloor$ 为下取整函数.

证明：对于 $0<p\leqslant 1$ 的情形，直接由引理 5.5.1 可得. 现在来证 $1\leqslant p<\infty$ 的情形. 设 X,Y 为正规矩阵，有

$$\| X+Y \| \leqslant \| |X|+|Y| \|.$$

因为 A,B 为正规矩阵，所以，由 Schur 谱分解定理可知，$A^{\lfloor p\rfloor}|A|^{p-\lfloor p\rfloor}$以及 $B^{\lfloor p\rfloor}|B|^{p-\lfloor p\rfloor}$也都是正规矩阵，于是有

$$\| A^{\lfloor p\rfloor}|A|^{p-\lfloor p\rfloor}+B^{\lfloor p\rfloor}|B|^{p-\lfloor p\rfloor} \| \leqslant \| |A|^p+|B|^p \|.$$

注意到，对于$1\leqslant p<\infty$，有

$$\| |A|^p+|B|^p \| \leqslant \| (|A|+|B|)^p \|.$$

于是

$$\| A^{\lfloor p\rfloor}|A|^{p-\lfloor p\rfloor}+B^{\lfloor p\rfloor}|B|^{p-\lfloor p\rfloor} \| \leqslant \| (|A|+|B|)^p \|,\quad 1\leqslant p<\infty.$$

这就完成了证明.

5.6 本章小结

本章主要讨论了酉不变范数几何-算术平均值不等式、酉不变范数 Heinz 不等式、酉不变范数 Young 型不等式，所得结果是同行前期结果的改进或推广. 所使用的方法是标量不等式和矩阵的谱分解，在具体的计算中利用了 Hilbert-Schmidt 范数和迹范数的性质. 本章所得的结果改进或推广了同行前期的结果，丰富了酉不变范数不等式的结果.

第 6 章　其他形式的算子不等式

6.1　其他 Young 型的算子不等式

6.1.1　引言

为方便本章的论述，这里首先给出一些数值代数及矩阵论中与算子代数理论相关的知识. 更多的相关知识可参考张恭庆等[169]、童裕孙[170]编著的泛函分析.

定义 6.1.1[169]　设 $\mathbb{K}$ 是复（或实）数域，如果非空集合 $\mathfrak{X}$ 满足如下的两个条件：

（1）对 $\forall x, y \in \mathfrak{X}$，存在 $u \in \mathfrak{X}$，记作 $u = x + y$，称为 x, y 之和，满足

交换律

$$x + y = y + x$$

结合律

$$(x + y) + z = x + (y + z)$$

存在唯一零元素 $\theta \in \mathfrak{X}$，对 $\forall x \in \mathfrak{X}$，

$$x + \theta = \theta + x$$

对 $\forall x \in \mathfrak{X}$，存在唯一 $x' \in \mathfrak{X}$，使得

$$x + x' = \theta(\text{一般记作} x' = -x)$$

（2）对 $\forall (\alpha, x) \in \mathbb{K} \times \mathfrak{X}$，存在 $u \in \mathfrak{X}$，记作 $u = \alpha x$，称为 x 对 α 的数乘，满足

结合律

$$(\alpha\beta)x = \alpha(\beta x)$$

存在单位元素“1”，且是唯一的

$$1\in\mathfrak{X}，使得 1\cdot x=x$$

分配律

$$(\alpha+\beta)x=\alpha x+\beta x(\forall\alpha,\beta\in\mathbb{K},\forall x\in\mathfrak{X})$$
$$\alpha(x+y)=\alpha x+\alpha y(\forall x,y\in\mathfrak{X},\forall\alpha\in\mathbb{K})$$

则称 $\mathfrak{X}$ 是一复（或实）线性空间.

定义 6.1.2[169] 对于复（或实）线性空间 $\mathfrak{X}$ 中每个元素 x，如果按照一定法则与一非负实数 $\|x\|$ 相对应，满足如下三个性质：

（1）$\|x\|\geqslant 0$，且 $\|x\|=0\Leftrightarrow x=0$（正定性）；

（2）$\|x+y\|\leqslant\|x\|+\|y\|(\forall x,y\in\mathfrak{X})$（三角不等式）；

（3）$\|\alpha x\|=|\alpha|\|x\|(\alpha\in\mathbb{K},x\in\mathfrak{X})$（齐次性）.

则称 $\mathfrak{X}$ 为复（或实）线性赋范空间，其中 $\mathbb{K}$ 为复（或实）数域，$\|x\|$ 表示元素 x 的模或范数.

定义 6.1.3[169] 若线性赋范空间 $\mathfrak{X}$ 是完备的，则称 $\mathfrak{X}$ 为 Banach 空间，简称为 B 空间.

线性赋范空间上虽然有了范数，可以定义收敛，但是缺少“角度”的刻画. 因此，参考在欧氏空间 $\mathbb{R}^n$ 上利用两个向量的内积来定义它们的夹角，在无穷维空间上也可以引入类似的概念.

定义 6.1.4[169] 线性空间 $\mathfrak{X}$ 上的一个二元函数 $a(\bullet,\bullet):\mathfrak{X}\times\mathfrak{X}\to\mathbb{K}$ 称为共轭双线性函数，是指

（1）$a(x,\alpha y+\beta z)=\overline{\alpha}a(x,y)+\overline{\beta}a(x,z)$;

（2）$a(\alpha x+\beta y,z)=\alpha a(x,z)+\beta a(y,z)$.

其中，$\forall x,y,z\in\mathfrak{X},\forall\alpha,\beta\in\mathbb{K}$.

定义 6.1.5[169] 线性空间 $\mathfrak{X}$ 的一个共轭双线性函数 $(\bullet,\bullet):\mathfrak{X}\times\mathfrak{X}\to\mathbb{K}$ 称为是一个内积，是指它满足

（1）$(x,y)=\overline{(y,x)}(\forall x,y\in\mathfrak{X})$（共轭对称性）；

（2）$(x,x)\geqslant 0(\forall x\in\mathfrak{X}),(x,x)=0\Leftrightarrow x=\theta$.

则称线性空间 $\mathfrak{X}$ 为内积空间，通常记作 $(\mathfrak{X},(\bullet,\bullet))$.

定义 6.1.6[169] 内积空间 $(\mathfrak{X},(\bullet,\bullet))$ 被称为 Hilbert 空间，是指 $\forall x\in\mathfrak{X}$，定义相应范数为 $\|x\|=(x,x)^{1/2}$，且内积空间 $(\mathfrak{X},(\bullet,\bullet))$ 是完备的.

在以后的讨论中一般均指 Hilbert 空间. 下面引入一些关于代数的基本概念和基础知识.

定义 6.1.7[170]　如果 $\boldsymbol{A}$ 满足下面两个条件：

（1）是复数域 $\mathbb{C}$ 上的一个线性空间；

（2）定义了乘法：$\boldsymbol{A}\times\boldsymbol{A}\to\boldsymbol{A}$，且满足

结合律

$$(ab)c=a(bc)\text{；}$$

分配律

$$(a+b)(c+d)=ac+bc+ad+bd\text{；}$$
$$(\lambda\mu)(ab)=(\lambda a)(\mu b)\text{，}$$

则称 $\boldsymbol{A}$ 为复数域 $\mathbb{C}$ 上的一个代数，其中 $\forall\lambda$，$\mu\in\mathbb{C}$，$\forall a,b,c,d\in\boldsymbol{A}$.

如果代数 $\boldsymbol{A}$ 中有元素 e，使得对于 $\boldsymbol{A}$ 中每一个元素 a，都有 $ea=ae=a$，则称 e 为代数 $\boldsymbol{A}$ 的幺元，这与上述复（或实）线性空间中的单位元“1”类似. 若 $\boldsymbol{A}$ 中存在幺元，则有且仅有一个. 设 $\boldsymbol{A}$ 是存在幺元 e 的代数，对于任意元素 $a\in\boldsymbol{A}$，如果存在元素 $b\in\boldsymbol{A}$，使得 $ab=ba=e$，则称元素 a 是可逆的. 并且满足上述等式的 b 有且仅有一个，一般称之为 a 的逆，记为 a^{-1}. 进一步地，如果代数 $\boldsymbol{A}$ 中的每个非零元素都是可逆的，则称 $\boldsymbol{A}$ 为可除代数. 另外，如果 $\forall a,b\in\boldsymbol{A},ab=ba$，则称 $\boldsymbol{A}$ 为交换代数.

定义 6.1.8[170]　设 $\boldsymbol{A},\boldsymbol{B}$ 是两个代数，φ 是 $\boldsymbol{A}$ 到 $\boldsymbol{B}$ 的映射，满足 $\varphi(\lambda a+\mu b)=\lambda\varphi(a)+\mu\varphi(b)$ 以及 $\varphi(ab)=\varphi(a)\varphi(b)$，$\forall a,b\in\boldsymbol{A},\forall\lambda,\mu\in\mathbb{C}$，则称 φ 是 $\boldsymbol{A}$ 到 $\boldsymbol{B}$ 的同态. 进一步地，如果 φ 是双射，那么 φ 是 $\boldsymbol{A}$ 到 $\boldsymbol{B}$ 的同构映射.

定义 2.1.9[170]　如果代数 $\boldsymbol{A}$ 满足

（1）$\boldsymbol{A}$ 是复数域上的代数；

（2）$\boldsymbol{A}$ 上定义了范数 $\|\bullet\|$，并且 $\boldsymbol{A}$ 是此范数下的一个 Banach 空间；

（3）$\|ab\|\leqslant\|a\|\|b\|$，$\forall a$，$b\in\boldsymbol{A}$.

则称 $\boldsymbol{A}$ 称为一个 Banach 代数.

定理 6.1.1[170]　（Gelfand-Mazur）可除的 Banach 代数与复数域 $\mathbb{C}$ 是等距同构的.

定义 6.1.10[170]　设代数 $\boldsymbol{A}$ 是一个 Banach 代数，e 是它的幺元，记代数 $\boldsymbol{A}$ 中所有可逆元素组成的集合为 $G(\boldsymbol{A})$，$\forall a\in\boldsymbol{A}$，令

$$\mathrm{Sp}(a)=\{\lambda\in\mathbb{C}\mid\lambda e-a\notin G(\boldsymbol{A})\}\text{，}$$

则 $\mathrm{Sp}(a)$ 称为 a 的谱集.

例 6.1.1[170] 设 $\boldsymbol{A}=\boldsymbol{B}(H)$，即复 Hilbert 空间 H 上所有有界线性算子的代数集合，则 $\boldsymbol{A}$ 是一个存在幺元的 Banach 代数. 进一步地，若 $\boldsymbol{A}\in B(H)$ 是紧算子，则 $\mathrm{Sp}(A)$ 至多只有可数多个元素.

定义 6.1.11[170] 设 $\boldsymbol{A}$ 是一个代数，定义映射 $*:\boldsymbol{A}\mapsto\boldsymbol{A}$，对 $\forall a,b\in\boldsymbol{A}$，$\forall\lambda\in\mathbb{C}$，如果映射 $*$ 满足下面几个式子：

（1）$(a+b)^*=a^*+b^*$；

（2）$(\lambda a)^*=\overline{\lambda}a^*$；

（3）$(ab)^*=b^*a^*$；

（4）$(a^*)^*=a$.

则称映射 $*:\boldsymbol{A}\mapsto\boldsymbol{A}$ 是一个对合.

定义 6.1.12[170] $\boldsymbol{A}$ 是一个具有对合映射 $*$ 的代数，对于 $\boldsymbol{A}$ 中元素 a，如果满足 $a^*=a$，则我们称元素 a 为 Hermite 元，或者自伴元.

定义 6.1.13[170] $\boldsymbol{A}$ 是一个具有对合映射 $*$ 的 Banach 代数，并且存在幺元，$\forall a\in\boldsymbol{A}$，如果满足 $\|a^*a\|=\|a\|^2$，则称 $\boldsymbol{A}$ 为一个 C^* 代数.

例 6.1.2[170] 设 $\boldsymbol{A}=\boldsymbol{B}(H)$，即 Hilbert 空间 H 上所有有界线性算子的代数集合，定义映射 $*:\boldsymbol{A}\mapsto\boldsymbol{A}^*$，则映射 $*$ 是 $\boldsymbol{A}$ 上的一个对合，并且 $\boldsymbol{A}=B(H)$ 是一个 C^* 代数.

设 H 是一个 Hilbert 空间，$\boldsymbol{N}$ 是 H 映射到自身的有界线性算子，且满足 $\boldsymbol{N}^*\boldsymbol{N}=\boldsymbol{N}\boldsymbol{N}^*$，则称 $\boldsymbol{N}$ 是 H 上的正规算子.

通过连续算符演算，有如下的定理.

定理 6.1.2[170] 对于 Hilbert 空间 H 上的一个正规算子 $\boldsymbol{N}$，若 $\mathrm{Sp}(\boldsymbol{N})\subset\mathbb{R}^1$，则 $\boldsymbol{N}$ 是自伴算子；若 $\mathrm{Sp}(\boldsymbol{N})\subset\mathbb{R}^1_+$，则 $\boldsymbol{N}$ 是正的.

Löwner-Heinz 不等式的提出，开辟了算子理论的一个新的研究领域. 事实上，Löwner 最初是建立在有限维矩阵理论上，证明得到了矩阵版本的不等式；而 Heinz 推广了 Löwner 的结果，证明了对任意维 Hilbert 空间上的正算子，上述不等式都是成立的，这也是此经典不等式命名为 Löwner-Heinz 不等式的一个缘由. 随后，大量的学者对 Löwner-Heinz 不等式进行研究，并取得了一系列显著成就. 其中，Pedersen[171]借助 C^*-代数理论相关工具，给出了该不等式的一个更简洁的证明. Kwong[172] 证明了对任意 $0<r\leqslant 1$，

$\boldsymbol{A} > \boldsymbol{B}$ ($\boldsymbol{A} \succ \boldsymbol{B}$) 蕴含着 $\boldsymbol{A}^r > \boldsymbol{B}^r$ ($\boldsymbol{A}^r \succ \boldsymbol{B}^r$). 2000 年，Uehiyama[173]基于算子单调函数的性质，证明得到了对任意区间 J 上的每个非常数的算子单调函数 f，以及任意谱在 J 内的自伴算子 $\boldsymbol{A},\boldsymbol{B}$，若 $\boldsymbol{A} \succ \boldsymbol{B}$，则有 $f(\boldsymbol{A}) \succ f(\boldsymbol{B})$ 成立. 这里所说的算子单调函数是指定义在区间 J 上的实值连续函数 f，如果对谱在区间 J 内的自伴算子 $\boldsymbol{A},\boldsymbol{B}$， $\boldsymbol{A} \geqslant \boldsymbol{B}$ 蕴含 $f(\boldsymbol{A}) \geqslant f(\boldsymbol{B})$.

Moslehian[174]得到了 Löwner-Heinz 不等式的另一种改进形式：如果 $\boldsymbol{A}$，$\boldsymbol{B} \in B(H)$ 是满足 $\boldsymbol{A} - \boldsymbol{B} \geqslant m\boldsymbol{I} > 0$ 的正算子，则对任意 $0 < r < 1$，算子不等式

$$\boldsymbol{A}^r - \boldsymbol{B}^r \geqslant [\|\boldsymbol{A}\|^r - (\|\boldsymbol{A}\| - m)^r]\boldsymbol{I} > 0$$

成立，其中 $\boldsymbol{I}$ 是恒同算子.

近年来，关于 Löwner-Heinz 不等式及其相关的算子不等式的新结果层出不穷. 越来越多的改进与推广形式、完全新型的形式不断展示出来，在方法与技巧上也体现出多元化，这些不等式在交叉应用学科中的深入或拓展应用. 在这些结果之中，Young 型的算子不等式是一个具有吸引力的研究点，因此，本节主要是对 Young 型的算子不等式及其逆等相关问题进行了深入的研究.

均值算子不等式及与之相关的算子不等式是 Young 型的算子不等式研究中的一个热点，因此，我们给出如下平均算子的定义：设 $\boldsymbol{A}$，$\boldsymbol{B} \in \boldsymbol{B}(H)$ 是正算子及任意实数 $\mu \in [0,1]$，则 $\boldsymbol{A},\boldsymbol{B}$ 的 μ 加权算术平均算子定义为

$$\boldsymbol{A} \nabla_{\mu} \boldsymbol{B} = (1-\mu)\boldsymbol{A} + \mu \boldsymbol{B},$$

进一步地，若 $\boldsymbol{A}$ 可逆，则 $\boldsymbol{A},\boldsymbol{B}$ 的 μ 加权几何平均算子定义为

$$\boldsymbol{A} \#_{\mu} \boldsymbol{B} = \boldsymbol{A}^{1/2}(\boldsymbol{A}^{-1/2}\boldsymbol{B}\boldsymbol{A}^{-1/2})^{\mu}\boldsymbol{A}^{1/2},$$

若 $\boldsymbol{A},\boldsymbol{B}$ 均可逆，则 $\boldsymbol{A},\boldsymbol{B}$ 的 μ 加权调和平均算子定义为

$$\boldsymbol{A} !_{\mu} \boldsymbol{B} = [(1-\mu)\boldsymbol{A}^{-1} + \mu \boldsymbol{B}^{-1}]^{-1}.$$

特别地，当 $\mu = \dfrac{1}{2}$ 时，它们就是通常的算术、几何、调和平均算子，并简记为 $\boldsymbol{A}\nabla\boldsymbol{B}$， $\boldsymbol{A}\#\boldsymbol{B}$， $\boldsymbol{A}!\boldsymbol{B}$.

事实上，几何平均算子 $\boldsymbol{A}\#\boldsymbol{B}$ 的概念早在 20 世纪 70 年代就由 Pusz 和 Woronowicz[175]引入. 它有以下一些重要性质：

（1）可交换

$$\boldsymbol{A}\#\boldsymbol{B} = \boldsymbol{B}\#\boldsymbol{A};$$

（2）正定解 $\boldsymbol{A}\#\boldsymbol{B}$ 是 Ricatti 方程 $\boldsymbol{X}\boldsymbol{A}^{-1}\boldsymbol{X}=\boldsymbol{B}$ 唯一的正定解；

（3）极性质

$$\boldsymbol{A}\#\boldsymbol{B}=\max\left\{\boldsymbol{X}:\boldsymbol{X}=\boldsymbol{X}^{*},\begin{bmatrix}\boldsymbol{A} & \boldsymbol{X}\\ \boldsymbol{X} & \boldsymbol{B}\end{bmatrix}\geqslant\boldsymbol{O}\right\};$$

（4）酉分解

$$\boldsymbol{A}\#\boldsymbol{B}=\boldsymbol{A}^{1/2}\boldsymbol{V}\boldsymbol{B}^{1/2},$$

其中，$\boldsymbol{V}$ 是酉矩阵，$\boldsymbol{A},\boldsymbol{B}$ 是正定矩阵.

正算子的平均算子公理化定义是 1980 年 Kubo 和 Ando[176]给出的. 即定义在严格正算子集合上的二元运算 σ，如果满足如下 4 个条件：

（1）$\boldsymbol{I}\sigma\boldsymbol{I}=\boldsymbol{I}$；

（2）$\boldsymbol{C}^{*}(\boldsymbol{A}\sigma\boldsymbol{B})\boldsymbol{C}\leqslant(\boldsymbol{C}^{*}\boldsymbol{A}\boldsymbol{C})\sigma(\boldsymbol{C}^{*}\boldsymbol{B}\boldsymbol{C})$；

（3）$\boldsymbol{A}_n\downarrow\boldsymbol{A}$ 和 $\boldsymbol{B}_n\downarrow\boldsymbol{B}$ 蕴含 $\boldsymbol{A}_n\sigma\boldsymbol{B}_n\downarrow\boldsymbol{A}\sigma\boldsymbol{B}$，其中 $\boldsymbol{A}_n\downarrow\boldsymbol{A}$ 是指 $\boldsymbol{A}_1\geqslant\boldsymbol{A}_2\geqslant\boldsymbol{A}_3\geqslant\cdots$ 和在强算子拓扑下当 $n\to\infty$ 时 $\boldsymbol{A}_n\to\boldsymbol{A}$；

（4）$\boldsymbol{A}\leqslant\boldsymbol{B}$ 与 $\boldsymbol{C}\leqslant\boldsymbol{D}$ 蕴含 $\boldsymbol{A}\sigma\boldsymbol{C}\leqslant\boldsymbol{B}\sigma\boldsymbol{D}$.

则称二元运算 σ 为平均算子.

Kubo 和 Ando[176]还特别指出，平均算子集合与定义在 $(0,\infty)$ 上的满足 $f(1)=1$ 的算子单调函数集合之间存在一个仿射同构，并且满足 $f(t)\boldsymbol{I}=\boldsymbol{I}\sigma(t\boldsymbol{I})\ (t>0)$，其中 f 是算子单调函数. 进一步地，如果算子 $\boldsymbol{A},\boldsymbol{B}$ 是严格正算子，则有 $\boldsymbol{A}\sigma\boldsymbol{B}=\boldsymbol{A}^{1/2}f(\boldsymbol{A}^{-1/2}\boldsymbol{B}\boldsymbol{A}^{-1/2})\boldsymbol{A}^{1/2}$. 此时，算子单调函数 f 称为 σ 的表示函数. 同时，通过算子扰动 $\boldsymbol{A}_{\varepsilon}=\boldsymbol{A}+\varepsilon\boldsymbol{I}$，$\boldsymbol{B}_{\varepsilon}=\boldsymbol{B}+\varepsilon\boldsymbol{I}$，可以把 $A\,\sigma\,B$ 的定义拓展到正算子上，即 $\boldsymbol{A}\,\sigma\,\boldsymbol{B}=\lim\limits_{\varepsilon\to0^{+}}\boldsymbol{A}_{\varepsilon}\,\sigma\,\boldsymbol{B}_{\varepsilon}$.

值得一提的是，相应于算子单调函数 $(1-\mu)+\mu t$ 和 t^{μ} 的平均算子，分别是前面定义的加权的算术平均算子与几何平均算子，即 ∇_{μ} 与 $\#_{\mu}$，其中 $\mu\in(0,1)$.

值得一提的是，文献[33]的作者进一步给出了几个新的多参数的 Young 型不等式及 Heinz 型不等式

$$(\alpha-\beta)^{2\beta}a^{2p}b^{2q}+\beta^{2}(a^{p+r}b^{q-r}+a^{q-r}b^{p+r})^{2}\leqslant(\alpha a^{p+r}b^{q-r}+\beta a^{q-r}b^{p+r})^{2};\quad(6.1)$$

$$a^{2p}b^{2q}+\beta^{2}(a^{p+r}b^{q-r}-a^{q-r}b^{p+r})^{2}\leqslant(\alpha a^{p+r}b^{q-r}+\beta a^{q-r}b^{p+r})^{2};\quad(6.2)$$

$$a^{2p}b^{2q}+\alpha^{2}(a^{p+r}b^{q-r}-a^{q-r}b^{p+r})^{2}\geqslant(\alpha a^{p+r}b^{q-r}+\beta a^{q-r}b^{p+r})^{2};\quad(6.3)$$

其中，$a,b>0, p\geqslant q\geqslant r\geqslant 0, \alpha=\dfrac{p-q+r}{p-q+2r}, \beta=\dfrac{r}{p-q+2r}$. 更多详细内容请参考文献[33].

基于 Young 型不等式的标量形式的改进版本，Furuichi[29]给出了它的算子形式，即如下定理.

定理 6.1.4[29]　对任意可逆正算子 $\boldsymbol{A},\boldsymbol{B}$，以及正实数 m，m'，M，M' $(m'<m, M<M')$，若满足下列条件之一：

① $0<m'\boldsymbol{I}\leqslant\boldsymbol{A}\leqslant m\boldsymbol{I}<M\boldsymbol{I}\leqslant\boldsymbol{B}\leqslant M'\boldsymbol{I}$；

② $0<m'\boldsymbol{I}\leqslant\boldsymbol{B}\leqslant m\boldsymbol{I}<M\boldsymbol{I}\leqslant\boldsymbol{B}\leqslant M'\boldsymbol{I}$.

则下述算子不等式成立.

$$\begin{aligned}\boldsymbol{A}\nabla_\mu\boldsymbol{B}&\geqslant S(h^r)\boldsymbol{A}\#_\mu\boldsymbol{B}\\&\geqslant\boldsymbol{A}\#_\mu\boldsymbol{B}\\&\geqslant S(h'^r)\boldsymbol{A}!_\mu\boldsymbol{B}\\&\geqslant\boldsymbol{A}!_\mu\boldsymbol{B}.\end{aligned}\tag{6.4}$$

其中，$\mu\in[0,1]$，$r=\min\{\mu,1-\mu\}$，$h=\dfrac{M}{m}$，$h'=\dfrac{M'}{m'}$，$S(\cdot)$是 Specht 比率，$\boldsymbol{I}$是恒同算子.

类似定理 6.1.4 的条件，利用改进的标量版本（6.1），Zuo[32]给出相应的具有 Kantorovich 常数形式的算子不等式

$$\begin{aligned}\boldsymbol{A}\nabla_\mu\boldsymbol{B}&\geqslant K(h,2)^r\boldsymbol{A}\#_\mu\boldsymbol{B}\\&\geqslant\boldsymbol{A}\#_\mu\boldsymbol{B}\\&\geqslant K(h,2)^r\boldsymbol{A}!_\mu\boldsymbol{B}\\&\geqslant\boldsymbol{A}!_\mu\boldsymbol{B}.\end{aligned}\tag{6.5}$$

其中，$\mu\in[0,1]$，$r=\min\{\mu,1-\mu\}$，$h=\dfrac{M}{m}$，$h'=\dfrac{M'}{m'}$，$K(h,2)$是上面定义的 Kantorovich 常数，$\boldsymbol{I}$是恒同算子.

综合上述算子不等式（6.4）和不等式（6.5），很容易观察得到下面的算子不等式

$$\begin{aligned}\boldsymbol{A}\nabla_{\mu}\boldsymbol{B} &\geqslant K(h,2)^{r}\boldsymbol{A}\#_{\mu}\boldsymbol{B}\\ &\geqslant S(h^{r})\boldsymbol{A}\#_{\mu}\boldsymbol{B}\\ &\geqslant \boldsymbol{A}\#_{\mu}\boldsymbol{B}\\ &\geqslant K(h,2)^{r}\boldsymbol{A}!_{\mu}\boldsymbol{B}\\ &\geqslant S(h^{r})\boldsymbol{A}!_{\mu}\boldsymbol{B}\\ &\geqslant \boldsymbol{A}!_{\mu}\boldsymbol{B}.\end{aligned} \tag{6.6}$$

算子不等式（6.6）显然是算子不等式 $\boldsymbol{A}\nabla_{\mu}\boldsymbol{B} \geqslant \boldsymbol{A}!_{\mu}\boldsymbol{B}$ 的强化形式.

以上是最近几年学者们对经典 Young 不等式的标量形式和算子形式的比率类型的改进. 此外，也有大量学者对加权算术-几何算子彼此之间的差进行研究，得到了一系列关于 Young 不等式标量形式与算子形式差型的改进. 其中比较经典的是学者 Kittaneh 和 Manasrah[177-178]、Furuichi[179]等做过的相应研究.

Kittaneh和Manasrah[180-181]得到了如下改进的标量形式的Young型及其逆的不等式

$$\begin{aligned}& a^{1-\mu}b^{\mu}+\min\{\mu,1-\mu\}(\sqrt{a}-\sqrt{b})^{2}\\ &\leqslant (1-\mu)a+\mu b\\ &\leqslant a^{1-\mu}b^{\mu}+\max\{\mu,1-\mu\}(\sqrt{a}-\sqrt{b})^{2}.\end{aligned} \tag{6.7}$$

事实上，不等式（6.7）的第一个不等式是标量形式的 Young 不等式 $a^{1-\mu}b^{\mu} \leqslant (1-\mu)a+\mu b$ 的差型改进，第二个不等式是标量形式的 Young 不等式逆的改进形式.

Wu 和 Zhao[182]证明得到了具有 Kantorovich 常数的 Young 型及其逆的标量形式的不等式

$$\begin{aligned}& K(\sqrt{h},2)^{r'}a^{1-\mu}b^{\mu}+\min\{\mu,1-\mu\}(\sqrt{a}-\sqrt{b})^{2}\\ &\leqslant (1-\mu)a+\mu b\\ &\leqslant K(\sqrt{h},2)^{-r'}a^{1-\mu}b^{\mu}+\max\{\mu,1-\mu\}(\sqrt{a}-\sqrt{b})^{2}.\end{aligned} \tag{6.8}$$

其中，$h=\dfrac{b}{a}$，$r=\min\{\mu,1-\mu\}$，$r'=\min\{2r,1-2r\}$，且 $K(t,2)=\dfrac{(t+1)^{2}}{4t}$，$t>0$ 为 Kantorovich 常数.

类似地，Furuichi[179]证明得到了如下两种改进的具有差型的 Young 不

等式的如下标量形式

$$S(\sqrt{a/b})a^{1-\mu}b^{\mu} \geqslant (1-\mu)a + \mu b - r(\sqrt{a}-\sqrt{b})^2 \tag{6.9}$$

和

$$\omega L(\sqrt{a},\sqrt{b})S(\sqrt{a/b}) \geqslant (1-\mu)a + \mu b - a^{1-\mu}b^{\mu} - r(\sqrt{a}-\sqrt{b})^2, \tag{6.10}$$

其中，$\omega = \max\{\sqrt{a},\sqrt{b}\}$，$L(\cdot,\cdot)$是对数算术平均，定义如下：

$$L(a,b) = \frac{b-a}{\log b - \log a}\ (a \neq b),\ L(a,a) \equiv a.$$

基于标量形式的不等式（6.9）、不等式（6.10），相应的算子不等式在文献[179]中也由 Furuich 得到，具体如

$$S(\sqrt{h})\boldsymbol{A}\#_{\mu}\boldsymbol{B} \geqslant \boldsymbol{A}\nabla_{\mu}\boldsymbol{B} - 2r(\boldsymbol{A}\nabla\boldsymbol{B} - \boldsymbol{A}\#\boldsymbol{B}), \tag{6.11}$$

与

$$h\sqrt{M}L(\sqrt{M},\sqrt{m})\log S(\sqrt{h}) \geqslant \boldsymbol{A}\nabla_{\mu}\boldsymbol{B} - \boldsymbol{A}\#_{\mu}\boldsymbol{B} - 2r(\boldsymbol{A}\nabla\boldsymbol{B} - \boldsymbol{A}\#\boldsymbol{B}), \tag{6.12}$$

其中，$\boldsymbol{A}$，$\boldsymbol{B}$ 是满足 $0 < m\boldsymbol{I} \leqslant \boldsymbol{A},\ \boldsymbol{B} \leqslant M\boldsymbol{I}$ 的正算子，m，M 是正实数，$r = \min\{\mu, 1-\mu\}$，$h = \dfrac{M}{m} > 1$，$\boldsymbol{I}$是恒同算子.

关于与加权平均算子 $\boldsymbol{A}\nabla_{\mu}\boldsymbol{B}$，$\boldsymbol{A}\#_{\mu}\boldsymbol{B}$ 及 $\boldsymbol{A}!_{\mu}\boldsymbol{B}$ 有关的更多研究，详见文献[183-196].

接下来简要介绍与 Young 不等式有关的 Heinz 均值算子与 Heron 均值算子. 正实数 a,b 的 Heinz 平均，记为 $H_{\mu}(a,b)$，可定义为

$$H_{\mu}(a,b) = \frac{a^{\mu}b^{1-\mu} + a^{1-\mu}b^{\mu}}{2},$$

其中，$\mu \in [0,1]$. 当 $\mu = 0, 1$时，$H_0(a,b) = H_1(a,b) = \dfrac{a+b}{2}$是 a,b 的算术平均，当 $\mu = \dfrac{1}{2}$时，$H_{1/2}(a,b) = \sqrt{ab}$ 是 a 与 b 的几何平均. 易知，作为 μ 的函数，$H_{\mu}(a,b)$在区间$[0,1]$上凸，且在 $\mu = \dfrac{1}{2}$时，得最小值. 因此

$$\sqrt{ab} \leqslant H_{\mu}(a,b) \leqslant \frac{a+b}{2},\ 0 \leqslant \mu \leqslant 1, \tag{6.13}$$

即 Heinz 平均介于几何平均与算术平均之间.

对于正实数 a，b 的 Heron 平均，记为 $F_{\alpha}(a,b)$，定义为

$$F_\alpha(a,b)=(1-\alpha)\sqrt{ab}+\alpha\frac{a+b}{2},$$

其中，$\alpha\in[0,+\infty)$．当$\alpha=0$，$F_0(a,b)=\sqrt{ab}$是a,b的几何平均，当$\mu=1$时，$F_1(a,b)=\dfrac{a+b}{2}$是a与b的算术平均.

在算子理论中，范数起着举足轻重的作用，它是度量算子“大小”的一个尺度，酉不变范数是算子理论中重要的一种范数，是我们研究的一个主要内容．如果对任意酉算子$\boldsymbol{U}$，$\boldsymbol{V}\in\boldsymbol{B}(H)$及$\boldsymbol{X}\in\tau_{\|\cdot\|_u}$，都有$\|\boldsymbol{UXV}\|_u=\|\boldsymbol{X}\|_u$成立，其中，$\tau_{\|\cdot\|_u}$是某个范数理想$\tau_{\|\cdot\|_u}$（包含于紧算子理想），则称范数$\|\cdot\|_u$为酉不变范数．设紧算子$\boldsymbol{A}\in\boldsymbol{B}(H)$，我们一般总是将$\boldsymbol{A}$的奇异值按降序依次排列为$s_1(\boldsymbol{A})\geqslant s_2(\boldsymbol{A})\geqslant\cdots\geqslant 0$，它们也是绝对值算子$|\boldsymbol{A}|=(\boldsymbol{A}^*\boldsymbol{A})^{1/2}$的所有特征值，并记为$s(\boldsymbol{A})=(s_1,s_2,\cdots,s_n)$．对于$\tau_{\|\cdot\|_u}$上的酉不变范数$\|\cdot\|_u$，如果$\Phi:R^n\to R_+$是对称规度函数，则$\|\boldsymbol{A}\|_\Phi=\Phi(s(\boldsymbol{A}))$定义为$M_n$上的一个酉不变范数．在酉不变范数类中，有两类特别值得一提，其中一类是 Schatten p-范数，定义为$\|\boldsymbol{A}\|_p=\left(\sum\limits_{i=1}^{\infty}s_i^p(\boldsymbol{A})\right)^{1/p}$，这里$\boldsymbol{A}\in\tau_{\|\cdot\|_p}$，$p\geqslant 1$．特别地，当$B(H)=M_n$，且$p=2$时，$\|\cdot\|_2$就是 Hilbert-Schmidt 范数，也即$\|\boldsymbol{A}\|_2=\left(\sum\limits_{i=1}^{n}s_i^p(\boldsymbol{A})\right)^{1/p}$，它有另一种等价定义$\|\boldsymbol{A}\|_2=\sqrt{\sum\limits_{i,j=1}^{n}|a_{ij}|^2}$，$\boldsymbol{A}=(a_{ij})\in M_n$．另一类是 Ky-Fan k-范数，定义为$\|\boldsymbol{A}\|_{(k)}=\sum\limits_{i=1}^{k}s_i(\boldsymbol{A})$，$k=1,2,\cdots,\infty$．其中，$\|\cdot\|_{(1)}=\|\cdot\|_\infty$是谱范数，$\|\cdot\|_{(n)}=\|\cdot\|_1$称为迹范数．注意，$\|\cdot\|_2=\|\cdot\|_F$．

Ky-Fan 支配原理是 Ky-Fan k-范数相关研究中的一个重要工具．具体表述为：设$\boldsymbol{A},\boldsymbol{B}\in\boldsymbol{B}(H)$是紧算子，若

$$\sum_{j=1}^{k}s_j(\boldsymbol{A})\leqslant\sum_{j=1}^{k}s_j(\boldsymbol{B}),\quad k=1,2,\cdots,\infty,$$

则对任意的酉不变范数$\|\cdot\|_u$，有

$$\|\boldsymbol{A}\|_u\leqslant\|\boldsymbol{B}\|_u.$$

它描述了任意酉不变范数与 Ky-Fan k-范数之间的序关系.

需要注意的是，只有通常的算子范数$\|\cdot\|$在$\boldsymbol{B}(H)$上是有定义的．因此，

方便起见，我们总是假定酉不变范数是定义在某个范数理想 $\tau_{\|\cdot\|_u}$ 上的. 此外，当 $\boldsymbol{B}(H)=M_n$ 时，所有的酉不变范数在 M_n 上都是良定义的. 关于酉不变范数的更多理论请参见文献[197-200].

Hilbert-Schmidt 范数作为一种特殊的酉不变范数，除了具有一般的酉不变性，还具有其他良好的性质(具体可参见文献[197])，因此大量学者热衷于对具有 Hilbert-Schmidt 范数的矩阵算子不等式进行研究. Kosaki[106]、Bhatia 与 Parthasarathy[107]分别证明并得到如下的 Young 不等式的矩阵算子形式：当 $\mu\in[0,1]$ 时，对任意 n 阶矩阵 $\boldsymbol{A},\boldsymbol{B},\boldsymbol{X}$，其中 $\boldsymbol{A},\boldsymbol{B}$ 为半正定矩阵，下面的矩阵算子不等式

$$\|\boldsymbol{A}^{\mu}\boldsymbol{X}\boldsymbol{B}^{1-\mu}\|_2^2\leqslant\|\mu\boldsymbol{A}\boldsymbol{X}+(1-\mu)\boldsymbol{X}\boldsymbol{B}\|_2^2 \tag{6.14}$$

成立.

随着原始的 Young 不等式的标量形式的不断改进，越来越多的具有 Hilbert-Schmidt 范数的 Young 不等式的矩阵算子形式不断涌现.

无独有偶，基于 Young 不等式的如下标量形式的改进

$$(a^{1-\mu}b^{\mu})^2+r^2(a-b)^2\leqslant[(1-\mu)a+\mu b]^2, \tag{6.15}$$

Hirzallah 和 Kittaneh[201]证明得到了如下 Hilbert-Schmidt 范数下的矩阵算子不等式：对任意 n 阶矩阵 $\boldsymbol{A},\boldsymbol{B},\boldsymbol{X}$，其中 $\boldsymbol{A},\boldsymbol{B}$ 为半正定矩阵，矩阵不等式

$$\|\boldsymbol{A}^{\mu}\boldsymbol{X}\boldsymbol{B}^{1-\mu}\|_2^2+r^2\|\boldsymbol{A}\boldsymbol{X}-\boldsymbol{X}\boldsymbol{B}\|_2^2\leqslant\|\mu\boldsymbol{A}\boldsymbol{X}+(1-\mu)\boldsymbol{X}\boldsymbol{B}\|_2^2 \tag{6.16}$$

成立，其中，$\mu\in[0,1]$，$r=\min\{\mu,1-\mu\}$.

在文献[42]中，Bhatia 和 Davis 给出了不等式（6.15）的如下矩阵形式

$$2\|\boldsymbol{A}^{1/2}\boldsymbol{X}\boldsymbol{B}^{1/2}\|_u\leqslant\|\boldsymbol{A}^{\mu}\boldsymbol{X}\boldsymbol{B}^{1-\mu}+\boldsymbol{A}^{1-\mu}\boldsymbol{X}\boldsymbol{B}^{\mu}\|_u\leqslant\|\boldsymbol{A}\boldsymbol{X}+\boldsymbol{X}\boldsymbol{B}\|_u, \tag{6.17}$$

其中，$\mu\in[0,1]$，$\boldsymbol{A},\boldsymbol{B}$ 是 n 阶半正定矩阵，$\boldsymbol{X}$ 是 n 阶任意矩阵. 通常称不等式（6.17）的第二个不等式为 Heinz 型算子不等式.

Kittaneh 和 Manasrah 在文献[108]中得到了 Hilbert-Schmidt 范数下 Heinz 不等式的一种改进形式

$$\|\boldsymbol{A}^{\mu}\boldsymbol{X}\boldsymbol{B}^{1-\mu}+\boldsymbol{A}^{1-\mu}\boldsymbol{X}\boldsymbol{B}^{\mu}\|_2^2+2r\|\boldsymbol{A}\boldsymbol{X}-\boldsymbol{X}\boldsymbol{B}\|_2^2\leqslant\|\boldsymbol{A}\boldsymbol{X}+\boldsymbol{X}\boldsymbol{B}\|_2^2, \tag{6.18}$$

其中，$\mu\in[0,1]$，$r=\min\{\mu,1-\mu\}$，$\boldsymbol{A},\boldsymbol{B}$ 是 n 阶半正定矩阵，$\boldsymbol{X}$ 是 n 阶任意矩阵.

He[202]与 Kittaneh[133]进一步对矩阵不等式（6.16）和不等式（6.18）的

逆进行了研究，并分别得到相应的逆不等式. 其中，矩阵不等式（6.17）的逆不等式为

$$\|\mu AX+(1-\mu)XB\|_2^2 \leqslant \|A^{\mu}XB^{1-\mu}\|_2^2+s^2\|AX-XB\|_2^2, \qquad (6.19)$$

不等式（6.18）的逆不等式为

$$\|AX+XB\|_2^2 \leqslant \|A^{\mu}XB^{1-\mu}+A^{1-\mu}XB^{\mu}\|_2^2+2s\|AX-XB\|_2^2, \qquad (6.20)$$

其中，$\mu\in[0,1]$，$s=\max\{\mu,1-\mu\}$，A，B 是 n 阶半正定矩阵，X 是 n 阶任意矩阵.

值得注意的是，虽然 Bhatia 和 Davis[42]给出了标量不等式（6.13）的矩阵形式不等式（6.17），但是不等式（6.13）也有类似的一般算子形式. 即若 A，B，$X\in B(H)$ 满足 A，B 是正算子，则对任意的酉不变范数 $\|\cdot\|_u$，有

$$2\|A^{1/2}XB^{1/2}\|_u \leqslant \|A^{\mu}XB^{1-\mu}+A^{1-\mu}XB^{\mu}\|_u \leqslant \|AX+XB\|_u, \qquad (6.21)$$

其中，$\mu\in[0,1]$. 关于算子不等式（6.21）的更多、更详细的研究，可参考文献[138].

若定义函数 $f(\mu)=\|A^{\mu}XB^{1-\mu}+A^{1-\mu}XB^{\mu}\|_u$，则函数 f 在区间 $[0,1]$ 上具有一些重要的性质：

（1）f 是 $[0,1]$ 上的凸函数；

（2）f 在 $\mu=\dfrac{1}{2}$ 时取得最小值，在 $\mu=0,1$ 时取得最大值；

（3）f 关于 $\mu=\dfrac{1}{2}$ 对称，即 $f(\mu)=f(1-\mu)$.

在文献[110]中，Kittaneh 进一步改进了 Heinz 算子不等式（6.21）

$$\|A^{\mu}XB^{1-\mu}+A^{1-\mu}XB^{\mu}\|_u-4r\|A^{1/2}XB^{1/2}\|_u+2r\|AX+XB\|_u \leqslant \|AX+XB\|_u, \qquad (6.22)$$

其中，$\mu\in[0,1]$，$r=\min\{\mu,1-\mu\}$，A，B，$X\in B(H)$，且 A，B 是正算子.

随后，He[202]也对上述算子不等式（6.22）的矩阵形式的逆进行了研究，并给出如下逆不等式形式

$$\|AX+XB\|_u \leqslant \|A^{\mu}XB^{1-\mu}+A^{1-\mu}XB^{\mu}\|_u-4s\|A^{1/2}XB^{1/2}\|_u+2s\|AX+XB\|_u, \qquad (6.23)$$

其中，$\mu\in[0,1]$，$s=\max\{\mu,1-\mu\}$，A，B 是 n 阶半正定矩阵，X 是 n 阶任意矩阵.

M. Sababheh、A. Yousf 和 R. Khalil[33]利用上述推广的多参数 Young 不等式（6.1）～不等式（6.4），证明得到一系列 Hilbert-Schmidt 范数下的多

参数 Young 不等式的矩阵形式. 更详细具体的内容可参见文献[33].

特别地，当上述不等式（6.21）中的酉不变范数是一般的算子范数时，Heinz[23]基于复分析理论证明得到了相应的 Heinz 不等式如下

$$\| A^{\mu} XB^{1-\mu} + A^{1-\mu} XB^{\mu} \| \leqslant \| AX + XB \|, \tag{6.24}$$

其中，$\mu \in [0,1], A, B, X \in B(H)$，且 A, B 是正算子.

在文献[203]中，McIntosh 证明了 Heinz 算子不等式（6.24）与下述不等式的结果是等价的

$$2\| A^{*} XB \| \leqslant \| A^{*} AX + XBB^{*} \|, \tag{6.25}$$

其中，$A, B, X \in B(H)$. 在文献中，称算子不等式（6.25）为算术几何平均不等式.

Corach-Porta-Recht[204]通过引入自伴算子的谱测度，并利用自伴算子的谱测度的积分表示，证明得到如下算子不等式

$$2\| X \| \leqslant \| S^{-1} XS + SXS^{-1} \|, \tag{6.26}$$

其中，$S, X \in B(H)$ 且 S 是可逆的自伴算子. 通常称上述不等式为 C-P-R 不等式.

由上述 C-P-R 不等式（6.26）的结论，容易得到如下算子不等式

$$2\| X \| \leqslant \| S^{-1} XT + SXT^{-1} \|, \tag{6.27}$$

其中，$S, T, X \in B(H)$，满足 S 和 T 是可逆的自伴算子.

事实上，Fujii[205]详细证明了上述算子不等式（6.24）～不等式（6.27）是相互等价的.

在文献[42]中，Bhatia 和 Davis 证明得到下述矩阵算子不等式

$$2\| A^{1/2} XB^{1/2} \|_u \leqslant \| AX + XB \|_u, \tag{6.28}$$

其中，A, B 是 n 阶正定矩阵，X 是 n 阶任意矩阵.

随后，Kittaneh[206]、Horn[207]、Mathias[208]分别在论文中采用不同的证明方法，也给出了矩阵不等式（6.28）的相应证明.

很容易观察到，矩阵不等式（6.28）和下述不等式是等价的

$$2\| A^{*} XB \|_u \leqslant \| AA^{*} X + XBB^{*} \|_u, \tag{6.29}$$

其中，A, B, X 是任意 n 阶矩阵.

值得一提的是，上述不等式（6.29）可以推广至一般的 Hilbert 空间，并且对任意的酉不变范数都是成立的. Kittaneh[209]证明得到了如下不等式

$$2\|X\|_u \leqslant \|S^{-1}XT^* + S^*XT^{-1}\|_u, \tag{6.30}$$

其中，$S, T, X \in B(H)$，且 S 和 T 是可逆的算子.

进一步地，若取 S, T 为自伴算子，则上述不等式（6.30）就等价于

$$2\|X\|_u \leqslant \|S^{-1}XT + SXT^{-1}\|_u, \tag{6.31}$$

即算子不等式（6.27）对任意的酉不变范数都成立. 算子不等式（6.31）通常称为广义的 C-P-R 不等式.

在上述算子不等式（6.14）的第二式中，取 X 为单位矩阵时，有

$$\|A^\mu B^{1-\mu} + A^{1-\mu}B^\mu\|_u \leqslant \|A+B\|_u. \tag{6.32}$$

Zhan[44]提出了一个比矩阵不等式（6.32）更强的形式，即

$$s_j(A^\mu B^{1-\mu} + A^{1-\mu}B^\mu) \leqslant s_j(A+B), \quad j = 1, 2, \cdots, n,$$

其中，$s_j(A)$ 表示矩阵 A 的第 j $(j = 1, 2, \cdots, n)$ 大奇异值. 我们称该奇异值不等式为 Zhan 猜想. 对于 Zhan 猜想，大量的学者进行了研究，并得到一些特殊形式的 Zhan 猜想结论，其中比较著名的是 Tao[102]，其证明了 $\mu = \frac{1}{4}$ 和 $\frac{3}{4}$ 的情形. 直到 2007 年，英国学者 Audenaert[98]彻底解决了该猜想.

Zhan[210]基于导出 Schur 积范数，给出了 Heinz 算子与 Heron 算子之间联系的一个算子不等式，即通过引入双参数 r 和 t，证明了对 n 阶正定矩阵 A, B 和任意矩阵 X 以及 $(t, r) \in (-2, 2] \times [1/2, 3/2]$，矩阵不等式

$$(2+t)\|A^r XB^{2-r} + A^{2-r}XB^r\|_u \leqslant 2\|A^2X + tAXB + XB^2\|_u, \tag{6.33}$$

对任何酉不变范数 $\|\cdot\|_u$ 成立.

在文献[211]中，利用初等工具，Conde 进一步将矩阵不等式（6.33）推广到了任意维的 Hilbert 空间.

Kaur 和 Singh[212]进一步证明得到

$$\|A^r XB^{1-r} + A^{1-r}XB^r\|_u \leqslant 2\left\|(1-\alpha)A^{\frac{1}{2}}XB^{\frac{1}{2}} + \alpha\left(\frac{AX+XB}{2}\right)\right\|_u \tag{6.34}$$

$$2\left\|A^{\frac{1}{2}}XB^{\frac{1}{2}}\right\|_u \leqslant \left\|A^{\frac{2}{3}}XB^{\frac{1}{3}} + A^{\frac{1}{3}}XB^{\frac{2}{3}}\right\|_u \leqslant \frac{2}{t+2}\left\|AX + tA^{\frac{1}{2}}XB^{\frac{1}{2}} + XB\right\|_u \tag{6.35}$$

对任何酉不变范数 $\|\cdot\|_u$ 成立. 其中，$(t, r) \in (-2, 2] \times [1/4, 3/4], \alpha \in [1/2, \infty)$.

将上述式中的 A, B 分别用 A^2, B^2 代替，并且令 $v = 2r$，则上述两式等价

于下述两个式子

$$\| A^r XB^{2-r} + A^{2-r} XB^r \|_u \leqslant 2\left\| (1-\alpha)AXB + \alpha\left(\frac{A^2X + XB^2}{2}\right)\right\|_u \quad (6.36)$$

$$2\| AXB \|_u \leqslant \left\| A^{\frac{4}{3}} XB^{\frac{2}{3}} + A^{\frac{2}{3}} XB^{\frac{4}{3}} \right\|_u \leqslant \frac{2}{t+2}\| A^2X + tAXB + XB^2 \|_u \quad (6.37)$$

其中，$(t,v)\in(-2,2]\times[1/2,3/2], \alpha\in[1/2,\infty)$.

Fu[213]等对上述不等式进行积分，得到如下改进形式

$$2\| AXB \|_u + 2\left(\int_{\frac{1}{2}}^{\frac{3}{2}} \| A^v XB^{2-v} + A^{2-v} XB^v \|_u \, dv - 2\| AXB \|_u\right) \leqslant \frac{2}{t+2}\| A^2X + tAXB + XB^2 \|_u \quad (6.38)$$

关于 Heinz 不等式与 Heron 不等式，还有许多相类似的研究，具体参见文献[214-220].

6.1.2 标量形式的 Young 型及其逆不等式

本节主要研究标量形式的 Young 型及其逆不等式. 首先，我们推广标量形式的 Young 型不等式，给出多参数 Young 型不等式的标量形式的改进，有如下定理.

定理 6.2.1 设 $a, b\in\mathbb{R}^+$ 及 $p\geqslant q\geqslant r\geqslant 0$，则有

$$a^p b^q + \frac{r}{p-q+2r}\left(a^{\frac{p+r}{2}} b^{\frac{q-r}{2}} - a^{\frac{q-r}{2}} b^{\frac{p+r}{2}}\right)^2 \leqslant \frac{p-q+r}{p-q+2r} a^{p+r} b^{q-r} + \frac{r}{p-q+2r} a^{q-r} b^{p+r}. \quad (6.39)$$

证明：方便起见，设 $\frac{p-q+r}{p-q+2r} = v$，则 $\frac{r}{p-q+2r} = 1-v$.

由 Young 型不等式（6.7），有

$$\begin{aligned}
&\frac{p-q+r}{p-q+2r} a^{p+r} b^{q-r} + \frac{r}{p-q+2r} a^{q-r} b^{p+r} \\
&= v(a^{p+r} b^{q-r}) + (1-v)(a^{q-r} b^{p+r}) \\
&\geqslant (a^{p+r} b^{q-r})^v (a^{q-r} b^{p+r})^{1-v} + \frac{r}{p-q+2r}\left(a^{\frac{p+r}{2}} b^{\frac{q-r}{2}} - a^{\frac{q-r}{2}} b^{\frac{p+r}{2}}\right)^2
\end{aligned}$$

$$= a^p b^q + \frac{r}{p-q+2r}\left(a^{\frac{p+r}{2}} b^{\frac{q-r}{2}} - a^{\frac{q-r}{2}} b^{\frac{p+r}{2}}\right)^2.$$

进一步地，对相应的 Heinz 型的标量不等式进行研究，得到如下一系列定理.

定理 6.2.2 设 $a,b\in\mathbb{R}^+$ 以及 $p\geqslant q\geqslant r\geqslant 0$，则有

$$(\alpha-\beta)^{2\beta}a^{2p}b^{2q} + \beta^2(a^{p+r}b^{q-r}+a^{q-r}b^{p+r})^2 +$$
$$\gamma_0(\alpha-\beta)a^{p+r}b^{q-r}\left(\frac{1}{\sqrt{1-2\beta}}a^{\frac{p+r}{2}}b^{\frac{q-r}{2}} - a^{\frac{q-r}{2}}b^{\frac{p+r}{2}}\right)^2$$
$$\leqslant (\alpha a^{p+r}b^{q-r}+\beta a^{q-r}b^{p+r})^2, \tag{6.40}$$

其中，$\gamma_0=\min\{2\beta,1-2\beta\}$.

证明： 由改进后的 Young 不等式（6.7），通过计算，有

$$(\alpha a^{p+r}b^{q-r}+\beta a^{q-r}b^{p+r})^2 - \beta^2(a^{p+r}b^{q-r}+a^{q-r}b^{p+r})^2$$
$$-\gamma_0(\alpha-\beta)a^{p+r}b^{q-r}\left(\frac{1}{\sqrt{1-2\beta}}a^{\frac{p+r}{2}}b^{\frac{q-r}{2}} - a^{\frac{q-r}{2}}b^{\frac{p+r}{2}}\right)^2$$
$$=(\alpha-\beta)a^{p+r}b^{q-r}\left[a^{p+r}b^{q-r}+2\beta a^{q-r}b^{p+r} - \gamma_0\left(\frac{1}{\sqrt{1-2\beta}}a^{\frac{p+r}{2}}b^{\frac{q-r}{2}} - a^{\frac{q-r}{2}}b^{\frac{p+r}{2}}\right)^2\right]$$
$$=(\alpha-\beta)a^{p+r}b^{q-r}\left[(1-2\beta)\frac{a^{p+r}b^{q-r}}{1-2\beta}+2\beta a^{q-r}b^{p+r} - \gamma_0\left(\frac{1}{\sqrt{1-2\beta}}a^{\frac{p+r}{2}}b^{\frac{q-r}{2}} - a^{\frac{q-r}{2}}b^{\frac{p+r}{2}}\right)^2\right]$$
$$\geqslant(\alpha-\beta)a^{p+r}b^{q-r}\left[\left(\frac{a^{p+r}b^{q-r}}{1-2\beta}\right)^{1-2\beta}(a^{q-r}b^{p+r})^{2\beta}\right]$$
$$=(\alpha-\beta)^{2\beta}a^{2p}b^{2q}.$$

由定理 6.2.2，可以很快得到下面 v-版本的 Young 型不等式.

推论 6.2.1 设 $a,b\in\mathbb{R}^+$，则有

（1）当 $0<v<\dfrac{1}{2}$ 时，

$$(1-2v)^{2v}(a^v b^{1-v})^2 + v^2(a+b)^2 + \gamma_1(1-2v)a\left(\sqrt{\frac{a}{1-2v}}-\sqrt{b}\right)^2 \leqslant [va+(1-v)b]^2, \tag{6.41}$$

（2）当 $\frac{1}{2}<v\leqslant 1$ 时，

$$(2v-1)^{2(1-v)}(a^{v}b^{1-v})^{2}+(1-v)^{2}(a+b)^{2}+\gamma_{2}(2v-1)a\left(\sqrt{\frac{a}{2v-1}}-\sqrt{b}\right)^{2}\leqslant[va+(1-v)b]^{2},\tag{6.42}$$

其中，$\gamma_{1}=\min\{2v,1-2v\},\gamma_{2}=\min\{2v-1,2-2v\}$.

证明：我们主要分两种情况进行讨论.

当 $0<v<\frac{1}{2}$ 时，$1-v>v$，在定理 6.2.2 中，将 p,q,r 分别用 $1-v,v,v$ 代替，则可得到

$$(1-2v)^{2v}(a^{v}b^{1-v})^{2}+v^{2}(a+b)^{2}+\gamma_{1}(1-2v)a\left(\sqrt{\frac{a}{1-2v}}-\sqrt{b}\right)^{2}\leqslant[va+(1-v)b]^{2},$$

当 $\frac{1}{2}<v\leqslant 1$ 时，$1-v<v$，在定理 6.2.2 中，将 p,q,r 分别用 v，$1-v,1-v$ 代替，进行类似的讨论，可以得到相应的不等式（6.42）.

定理 6.2.3　设 $a,b\in\mathbb{R}^{+}$ 及 $p\geqslant q\geqslant r\geqslant 0$，则有

$$\begin{aligned}a^{2p}b^{2q}+\beta^{2}(a^{p+r}b^{q-r}-a^{q-r}b^{p+r})^{2}+\gamma_{0}a^{p+r}b^{q-r}(a^{\frac{p+r}{2}}b^{\frac{q-r}{2}}-a^{\frac{q-r}{2}}b^{\frac{p+r}{2}})^{2}\\ \leqslant(\alpha a^{p+r}b^{q-r}+\beta a^{q-r}b^{p+r})^{2}\end{aligned}\tag{6.43}$$

和

$$\begin{aligned}a^{2p}b^{2q}+\alpha^{2}(a^{p+r}b^{q-r}-a^{q-r}b^{p+r})^{2}-(2\alpha-1)a^{q-r}b^{p+r}(a^{\frac{p+r}{2}}b^{\frac{q-r}{2}}-a^{\frac{q-r}{2}}b^{\frac{p+r}{2}})^{2}\\ \geqslant(\alpha a^{p+r}b^{q-r}+\beta a^{q-r}b^{p+r})^{2},\end{aligned}\tag{6.44}$$

其中，$\gamma_{0}=\min\{2\beta,1-2\beta\}$.

证明：首先对式（6.43）进行证明

$$\begin{aligned}&(\alpha a^{p+r}b^{q-r}+\beta a^{q-r}b^{p+r})^{2}-\beta^{2}(a^{p+r}b^{q-r}-a^{q-r}b^{p+r})^{2}\\ &\qquad-\gamma_{0}a^{p+r}b^{q-r}(a^{\frac{p+r}{2}}b^{\frac{q-r}{2}}-a^{\frac{q-r}{2}}b^{\frac{p+r}{2}})^{2}\\ &=a^{p+r}b^{q-r}[(\alpha-\beta)a^{p+r}b^{q-r}+2\beta a^{q-r}b^{p+r}-\gamma_{0}(a^{\frac{p+r}{2}}b^{\frac{q-r}{2}}-a^{\frac{q-r}{2}}b^{\frac{p+r}{2}})^{2}]\\ &\geqslant a^{p+r}b^{q-r}[(a^{p+r}b^{q-r})^{\alpha-\beta}(a^{q-r}b^{p+r})^{2\beta}]\end{aligned}$$

$=a^{2p}b^{2q}$.

同样地，对于式（6.44），有

$$(\alpha a^{p+r}b^{q-r}+\beta a^{q-r}b^{p+r})^2-\alpha^2(a^{p+r}b^{q-r}-a^{q-r}b^{p+r})^2 +(2\alpha-1)a^{q-r}b^{p+r}(a^{\frac{p+r}{2}}b^{\frac{q-r}{2}}-a^{\frac{q-r}{2}}b^{\frac{p+r}{2}})^2$$

$$=a^{q-r}b^{p+r}[2\alpha a^{p+r}b^{q-r}+(\beta-\alpha)a^{q-r}b^{p+r}+(2\alpha-1)(a^{\frac{p+r}{2}}b^{\frac{q-r}{2}}-a^{\frac{q-r}{2}}b^{\frac{p+r}{2}})^2]$$

$$\leqslant a^{q-r}b^{p+r}(a^{p+r}b^{q-r})^{2\alpha}(a^{q-r}b^{p+r})^{\beta-\alpha}$$

$$=a^{2p}b^{2q}.$$

和定理 6.2.3 类似的处理方法与技巧，很容易得到下面两个定理.

定理 6.2.4 设 $a,b\in\mathbb{R}^+$ 及 $p\geqslant q\geqslant r\geqslant 0$，则有

$$\beta^{2\beta}a^pb^q+\beta^2(a^{\frac{p+r}{2}}b^{\frac{q-r}{2}}-a^{\frac{q-r}{2}}b^{\frac{p+r}{2}})^2+\gamma_0 a^{\frac{p+r}{2}}b^{\frac{q-r}{2}}(a^{\frac{p+r}{4}}b^{\frac{q-r}{4}}-\sqrt{\beta}a^{\frac{q-r}{4}}b^{\frac{p+r}{4}})^2 \leqslant \alpha^2a^{p+r}b^{q-r}+\beta^2a^{q-r}b^{p+r} \tag{6.45}$$

和

$$\alpha^{2\alpha}a^pb^q+\alpha^2(a^{\frac{p+r}{2}}b^{\frac{q-r}{2}}-a^{\frac{q-r}{2}}b^{\frac{p+r}{2}})^2-(\alpha-\beta)a^{\frac{q-r}{2}}b^{\frac{p+r}{2}}(\sqrt{\alpha}a^{\frac{p+r}{4}}b^{\frac{q-r}{4}}-a^{\frac{q-r}{4}}b^{\frac{p+r}{4}})^2 \geqslant \alpha^2a^{p+r}b^{q-r}+\beta^2a^{q-r}b^{p+r}, \tag{6.46}$$

其中，$\gamma_0=\min\{2\beta,1-2\beta\}$.

定理 6.2.5 设 $a,b\in\mathbb{R}^+$ 及 $p\geqslant q\geqslant r\geqslant 0$，则有

$$a^pb^q+\beta(a^{\frac{p+r}{2}}b^{\frac{q-r}{2}}-a^{\frac{q-r}{2}}b^{\frac{p+r}{2}})^2+\gamma_0 a^{\frac{p+r}{2}}b^{\frac{q-r}{2}}(a^{\frac{p+r}{4}}b^{\frac{q-r}{4}}-a^{\frac{q-r}{4}}b^{\frac{p+r}{4}})^2 \leqslant \alpha a^{p+r}b^{q-r}+\beta a^{q-r}b^{p+r} \tag{6.47}$$

和

$$a^pb^q+\alpha(a^{\frac{p+r}{2}}b^{\frac{q-r}{2}}-a^{\frac{q-r}{2}}b^{\frac{p+r}{2}})^2-(\alpha-\beta)a^{\frac{q-r}{2}}b^{\frac{p+r}{2}}(a^{\frac{p+r}{4}}b^{\frac{q-r}{4}}-a^{\frac{q-r}{4}}b^{\frac{p+r}{4}})^2 \geqslant \alpha a^{p+r}b^{q-r}+\beta a^{q-r}b^{p+r}, \tag{6.48}$$

其中，$\gamma_0=\min\{2\beta,1-2\beta\}$.

将定理 6.2.5 中式（6.47）和式（6.48）分别应用两次，得到下面关于

Heinz 均值不等式的一个改进推广.

推论 6.2.2　设 $a,b\in\mathbb{R}^{+}$ 及 $p\geqslant q\geqslant r\geqslant 0$，则有

$$\begin{aligned}&(a^{p}b^{q}+a^{q}b^{p})^{2}+2\beta(a^{p+r}b^{q-r}-a^{q-r}b^{p+r})^{2}\\&\qquad+\gamma_{0}(a^{p+r}b^{q-r}+a^{q-r}b^{p+r})(a^{\frac{p+r}{2}}b^{\frac{q-r}{2}}-a^{\frac{q-r}{2}}b^{\frac{p+r}{2}})^{2}\\&\leqslant(a^{p+r}b^{q-r}+a^{q-r}b^{p+r})^{2}\end{aligned}\tag{6.49}$$

和

$$\begin{aligned}&(a^{p}b^{q}+a^{q}b^{p})^{2}+2\alpha(a^{p+r}b^{q-r}-a^{q-r}b^{p+r})^{2}\\&\qquad-(\alpha-\beta)(a^{p+r}b^{q-r}+a^{q-r}b^{p+r})(a^{\frac{p+r}{2}}b^{\frac{q-r}{2}}-a^{\frac{q-r}{2}}b^{\frac{p+r}{2}})^{2}\\&\geqslant(a^{p+r}b^{q-r}+a^{q-r}b^{p+r})^{2},\end{aligned}\tag{6.50}$$

其中，$\gamma_{0}=\min\{2\beta,1-2\beta\}$.

接下来我们引入 Kantorovich 常数，进一步对 Kantorovich 比率型的 Young 型及其逆不等式进行研究，进而得到一系列标量形式的具有 Kantorovich 常数的多参数 Young 型及其逆不等式.

定理 6.2.6　设 $a,b\in\mathbb{R}^{+}$ 及 $p\geqslant q\geqslant r\geqslant 0$，则有

$$\begin{aligned}&K(\sqrt{h},2)^{r'}a^{p}b^{q}+\frac{r}{p-q+2r}(a^{\frac{p+r}{2}}b^{\frac{q-r}{2}}-a^{\frac{q-r}{2}}b^{\frac{p+r}{2}})^{2}\\&\leqslant\frac{p-q+r}{p-q+2r}a^{p+r}b^{q-r}+\frac{r}{p-q+2r}a^{q-r}b^{p+r},\end{aligned}\tag{6.51}$$

其中，$h=\left(\dfrac{b}{a}\right)^{p-q+2r}$ 和 $r'=\min\left\{\dfrac{2r}{p-q+2r},\dfrac{p-q}{p-q+2r}\right\}$.

证明： 设 $\dfrac{p-q+r}{p-q+2r}=v$，则有 $\dfrac{r}{p-q+2r}=1-v$.

由不等式（6.8），有

$$\begin{aligned}&\frac{p-q+r}{p-q+2r}a^{p+r}b^{q-r}+\frac{r}{p-q+2r}a^{q-r}b^{p+r}\\&=v(a^{p+r}b^{q-r})+(1-v)(a^{q-r}b^{p+r})\\&\geqslant K(\sqrt{h},2)^{r'}(a^{p+r}b^{q-r})^{v}(a^{q-r}b^{p+r})^{1-v}+\frac{r}{p-q+2r}(a^{\frac{p+r}{2}}b^{\frac{q-r}{2}}-a^{\frac{q-r}{2}}b^{\frac{p+r}{2}})^{2}\end{aligned}$$

$$=K(\sqrt{h},2)^{r'}a^pb^q+\frac{r}{p-q+2r}(a^{\frac{p+r}{2}}b^{\frac{q-r}{2}}-a^{\frac{q-r}{2}}b^{\frac{p+r}{2}})^2.$$

定理 6.2.7 设 $a,b\in\mathbb{R}^+$ 及 $p\geqslant q\geqslant r\geqslant 0$，则有

$$\begin{aligned}&K(\sqrt{(1-2\beta)h},2)^{r'}(\alpha-\beta)^{2\beta}a^{2p}b^{2q}+\beta^2(a^{p+r}b^{q-r}+a^{q-r}b^{p+r})^2\\&+\gamma_0(\alpha-\beta)a^{p+r}b^{q-r}\left(\frac{1}{\sqrt{1-2\beta}}a^{\frac{p+r}{2}}b^{\frac{q-r}{2}}-a^{\frac{q-r}{2}}b^{\frac{p+r}{2}}\right)^2\\&\leqslant(\alpha a^{p+r}b^{q-r}+\beta a^{q-r}b^{p+r})^2,\end{aligned}\tag{6.52}$$

其中，$h=\left(\dfrac{b}{a}\right)^{p-q+2r}$，$\gamma_0=\min\{2\beta,1-2\beta\}$ 和 $r'==\min\{2\gamma_0,1-2\gamma_0\}$.

证明： 由改进的 Young 型不等式的 Kantorovich 比率型的标量形式式（6.8），通过验算可以得到

$$\begin{aligned}&(\alpha a^{p+r}b^{q-r}+\beta a^{q-r}b^{p+r})^2-\beta^2(a^{p+r}b^{q-r}+a^{q-r}b^{p+r})^2\\&\qquad-\gamma_0(\alpha-\beta)a^{p+r}b^{q-r}\left(\frac{1}{\sqrt{1-2\beta}}a^{\frac{p+r}{2}}b^{\frac{q-r}{2}}-a^{\frac{q-r}{2}}b^{\frac{p+r}{2}}\right)^2\\&=(\alpha-\beta)a^{p+r}b^{q-r}\left[a^{p+r}b^{q-r}+2\beta a^{q-r}b^{p+r}-\gamma_0\left(\frac{1}{\sqrt{1-2\beta}}a^{\frac{p+r}{2}}b^{\frac{q-r}{2}}-a^{\frac{q-r}{2}}b^{\frac{p+r}{2}}\right)^2\right]\\&=(\alpha-\beta)a^{p+r}b^{q-r}\left[(1-2\beta)\frac{a^{p+r}b^{q-r}}{1-2\beta}+2\beta a^{q-r}b^{p+r}-\gamma_0\left(\frac{1}{\sqrt{1-2\beta}}a^{\frac{p+r}{2}}b^{\frac{q-r}{2}}-a^{\frac{q-r}{2}}b^{\frac{p+r}{2}}\right)^2\right]\\&\geqslant(\alpha-\beta)a^{p+r}b^{q-r}\left[K(\sqrt{(1-2\beta)h},2)^{r'}\left(\frac{a^{p+r}b^{q-r}}{1-2\beta}\right)^{1-2\beta}(a^{q-r}b^{p+r})^{2\beta}\right]\\&=K(\sqrt{(1-2\beta)h},2)^{r'}(\alpha-\beta)^{2\beta}a^{2p}b^{2q}.\end{aligned}$$

由定理 6.2.2，通过赋予参数 p,q,r 恰当的变量替换，可以很快得到下面的推论.

推论 6.2.3 设 $a,b\in\mathbb{R}^+$，则有

① 当 $0<\nu<\dfrac{1}{2}$ 时，

$$K(\sqrt{(1-2v)h^{-1}},2)^{r'}(1-2v)^{2v}(a^v b^{1-v})^2+v^2(a+b)^2+\gamma_1(1-2v)b\left(\sqrt{a}-\sqrt{\frac{b}{1-2v}}\right)^2$$
$$\leqslant(va+(1-v)b)^2. \tag{6.53}$$

② 当$\frac{1}{2}<v\leqslant 1$时，

$$K(\sqrt{(2v-1)h},2)^{r''}(2v-1)^{2(1-v)}(a^v b^{1-v})^2+(1-v)^2(a+b)^2+\gamma_2(2v-1)a\left(\sqrt{\frac{a}{2v-1}}-\sqrt{b}\right)^2$$
$$\leqslant(va+(1-v)b)^2 \tag{6.54}$$

成立，其中$h=\frac{b}{a}$，$\gamma_1=\min\{2v,1-2v\}$，$\gamma_2=\min\{2v-1,2-2v\}$，$r'=\min\{2\gamma_1,1-2\gamma_1\}$和$r''=\min\{2\gamma_2,1-2\gamma_2\}$.

证明：当$0<v<\frac{1}{2}$时，$1-v>v$，在上述定理中，将p，q，r分别用$1-v$，v，v代替，则可以得到

$$K(\sqrt{(1-2v)h^{-1}},2)^{r'}(1-2v)^{2v}(a^v b^{1-v})^2+v^2(a+b)^2+\gamma_1(1-2v)b\left(\sqrt{a}-\sqrt{\frac{b}{1-2v}}\right)^2$$
$$\leqslant(va+(1-v)b)^2.$$

当$\frac{1}{2}<v\leqslant 1$时，进行类似的讨论，可以得到相应的不等式.

定理 6.2.8　设$a,b\in\mathbb{R}^+$及$p\geqslant q\geqslant r\geqslant 0$，则有

$$K(\sqrt{h},2)^{r'}a^{2p}b^{2q}+\beta^2(a^{p+r}b^{q-r}-a^{q-r}b^{p+r})^2+\gamma_0 a^{p+r}b^{q-r}(a^{\frac{p+r}{2}}b^{\frac{q-r}{2}}-a^{\frac{q-r}{2}}b^{\frac{p+r}{2}})^2$$
$$\leqslant(\alpha a^{p+r}b^{q-r}+\beta a^{q-r}b^{p+r})^2 \tag{6.55}$$

和

$$K(\sqrt{h},2)^{-r'}a^{2p}b^{2q}+\beta^2(a^{p+r}b^{q-r}-a^{q-r}b^{p+r})^2+s_0 a^{p+r}b^{q-r}(a^{\frac{p+r}{2}}b^{\frac{q-r}{2}}-a^{\frac{q-r}{2}}b^{\frac{p+r}{2}})^2$$
$$\geqslant(\alpha a^{p+r}b^{q-r}+\beta a^{q-r}b^{p+r})^2 \tag{6.56}$$

成立，其中 $h=\left(\dfrac{b}{a}\right)^{p-q+2r}$，$\gamma_0=\min\{2\beta,1-2\beta\}$，$s_0=\max\{2\beta,1-2\beta\}$ 和 $r'==\min\{2\gamma_0,1-2\gamma_0\}$.

证明：对于式（6.55），有

$$\begin{aligned}
&(\alpha a^{p+r}b^{q-r}+\beta a^{q-r}b^{p+r})^2-\beta^2(a^{p+r}b^{q-r}-a^{q-r}b^{p+r})^2\\
&\qquad\qquad -\gamma_0 a^{p+r}b^{q-r}(a^{\frac{p+r}{2}}b^{\frac{q-r}{2}}-a^{\frac{q-r}{2}}b^{\frac{p+r}{2}})^2\\
&=a^{p+r}b^{q-r}[(\alpha-\beta)a^{p+r}b^{q-r}+2\beta a^{q-r}b^{p+r}-\gamma_0(a^{\frac{p+r}{2}}b^{\frac{q-r}{2}}-a^{\frac{q-r}{2}}b^{\frac{p+r}{2}})^2]\\
&\geqslant a^{p+r}b^{q-r}[K(\sqrt{h},2)^{r'}(a^{p+r}b^{q-r})^{\alpha-\beta}(a^{q-r}b^{p+r})^{2\beta}]\\
&=K(\sqrt{h},2)^{r'}a^{2p}b^{2q}.
\end{aligned}$$

对于式（6.56），有

$$\begin{aligned}
&(\alpha a^{p+r}b^{q-r}+\beta a^{q-r}b^{p+r})^2-\beta^2(a^{p+r}b^{q-r}-a^{q-r}b^{p+r})^2\\
&\qquad\qquad -s a^{p+r}b^{q-r}(a^{\frac{p+r}{2}}b^{\frac{q-r}{2}}-a^{\frac{q-r}{2}}b^{\frac{p+r}{2}})^2\\
&=a^{p+r}b^{q-r}[(\alpha-\beta)a^{p+r}b^{q-r}+2\beta a^{q-r}b^{p+r}-s(a^{\frac{p+r}{2}}b^{\frac{q-r}{2}}-a^{\frac{q-r}{2}}b^{\frac{p+r}{2}})^2]\\
&\leqslant a^{q-r}b^{p+r}[K(\sqrt{h},2)^{-r'}(a^{p+r}b^{q-r})^{\alpha-\beta}(a^{q-r}b^{p+r})^{2\beta}]\\
&=K(\sqrt{h},2)^{-r'}a^{2p}b^{2q}.
\end{aligned}$$

和上述定理 6.2.8 一样类似的处理方法与技巧，很容易得到下面两个定理.

定理 6.2.9 设 $a,b\in\mathbb{R}^+$ 及 $p\geqslant q\geqslant r\geqslant 0$，则有

$$\begin{aligned}
K(\sqrt{h},2)^{r'}\beta^{2\beta}a^p b^q+\beta^2(a^{\frac{p+r}{2}}b^{\frac{q-r}{2}}-a^{\frac{q-r}{2}}b^{\frac{p+r}{2}})^2+\gamma_0 a^{\frac{p+r}{2}}b^{\frac{q-r}{2}}(a^{\frac{p+r}{4}}b^{\frac{q-r}{4}}-\sqrt{\beta}a^{\frac{q-r}{4}}b^{\frac{p+r}{4}})^2\\
\geqslant\alpha^2a^{p+r}b^{q-r}+\beta^2a^{q-r}b^{p+r}
\end{aligned}\tag{6.57}$$

和

$$\begin{aligned}
K(\sqrt{h},2)^{-r'}\beta^{2\beta}a^p b^q+\beta^2(a^{\frac{p+r}{2}}b^{\frac{q-r}{2}}-a^{\frac{q-r}{2}}b^{\frac{p+r}{2}})^2+s_0 a^{\frac{p+r}{2}}b^{\frac{q-r}{2}}(a^{\frac{p+r}{4}}b^{\frac{q-r}{4}}-\sqrt{\beta}a^{\frac{q-r}{4}}b^{\frac{p+r}{4}})^2\\
\geqslant\alpha^2a^{p+r}b^{q-r}+\beta^2a^{q-r}b^{p+r}
\end{aligned}\tag{6.58}$$

成立，其中，$h=\left(\frac{b}{a}\right)^{p-q+2r}$，$\gamma_0=\min\{2\beta,1-2\beta\}$，$s_0=\max\{2\beta,1-2\beta\}$ 和 $r'==\min\{2\gamma_0,1-2\gamma_0\}$.

定理 6.2.10　设 $a,b\in\mathbb{R}^+$ 及 $p\geqslant q\geqslant r\geqslant 0$，则有

$$K(\sqrt{h},2)^{r'}a^pb^q+\beta(a^{\frac{p+r}{2}}b^{\frac{q-r}{2}}-a^{\frac{q-r}{2}}b^{\frac{p+r}{2}})^2+\gamma_0a^{\frac{p+r}{2}}b^{\frac{q-r}{2}}(a^{\frac{p+r}{4}}b^{\frac{q-r}{4}}-a^{\frac{q-r}{4}}b^{\frac{p+r}{4}})^2$$
$$\leqslant \alpha a^{p+r}b^{q-r}+\beta a^{q-r}b^{p+r},\tag{6.59}$$

和

$$K(\sqrt{h},2)^{-r'}a^pb^q+\beta(a^{\frac{p+r}{2}}b^{\frac{q-r}{2}}-a^{\frac{q-r}{2}}b^{\frac{p+r}{2}})^2+s_0a^{\frac{p+r}{2}}b^{\frac{q-r}{2}}(a^{\frac{p+r}{4}}b^{\frac{q-r}{4}}-a^{\frac{q-r}{4}}b^{\frac{p+r}{4}})^2$$
$$\geqslant \alpha a^{p+r}b^{q-r}+\beta a^{q-r}b^{p+r}\tag{6.60}$$

成立，其中，$h=\left(\frac{b}{a}\right)^{p-q+2r}$，$\gamma_0=\min\{2\beta,1-2\beta\}$，$s_0=\max\{2\beta,1-2\beta\}$ 和 $r'==\min\{2\gamma_0,1-2\gamma_0\}$.

同理，将定理 6.2.10 中式（6.59）和式（6.60）分别应用两次，则可以得到下面关于 Heinz 均值不等式的一个具有 Kantorovich 常数的改进和推广.

推论 6.2.4　设 $a,b\in\mathbb{R}^+$ 及 $p\geqslant q\geqslant r\geqslant 0$，则有

$$K(\sqrt{h},2)^{r'}(a^pb^q+a^qb^p)^2+2\beta(a^{p+r}b^{q-r}-a^{q-r}b^{p+r})^2$$
$$+\gamma_0(a^{p+r}b^{q-r}+a^{q-r}b^{p+r})(a^{\frac{p+r}{2}}b^{\frac{q-r}{2}}-a^{\frac{q-r}{2}}b^{\frac{p+r}{2}})^2-(K(\sqrt{h},2)^{r'}-1)a^{p+q}b^{p+q}$$
$$\leqslant (a^{p+r}b^{q-r}+a^{q-r}b^{p+r})^2\tag{6.61}$$

和

$$K(\sqrt{h},2)^{-r'}(a^pb^q+a^qb^p)^2+2\beta(a^{p+r}b^{q-r}-a^{q-r}b^{p+r})^2$$
$$+s_0(a^{p+r}b^{q-r}+a^{q-r}b^{p+r})(a^{\frac{p+r}{2}}b^{\frac{q-r}{2}}-a^{\frac{q-r}{2}}b^{\frac{p+r}{2}})^2-(K(\sqrt{h},2)^{-r'}-1)a^{p+q}b^{p+q}$$
$$\geqslant (a^{p+r}b^{q-r}+a^{q-r}b^{p+r})^2\tag{6.62}$$

成立，其中 $h=\left(\frac{b}{a}\right)^{p-q+2r}$，$\gamma_0=\min\{2\beta,1-2\beta\}$，$s_0=\max\{2\beta,1-2\beta\}$ 和 $r'==\min\{2\gamma_0,1-2\gamma_0\}$.

6.1.3　算子形式的 Young 型及其逆不等式

本节主要研究改进的 Young 型及其逆的算子不等式. 其技巧基于下面的算子函数的单调性质.

定理 6.3.1　设 $\boldsymbol{X}\in\boldsymbol{B}(H)$ 是自伴算子，f 和 g 是实值连续函数，且当 $t\in\mathrm{Sp}(\boldsymbol{X})$ 时有 $f(t)\geqslant g(t)$，则 $f(\boldsymbol{X})\geqslant g(\boldsymbol{X})$.

首先给出一类准 Young 型不等式及其逆的算子不等式，其中包括算数-几何平均算子的差和 Heinz 均值算子间的不等关系式.

方便起见，为了与几何均值算子、Heinz 均值算子区别，我们引入符号 $\natural_v$ 和 $H_v^{\natural}$，有如下相应的二元运算

$$\boldsymbol{A}\natural_v\boldsymbol{B}=\boldsymbol{A}^{1/2}(\boldsymbol{A}^{-1/2}\boldsymbol{B}\boldsymbol{A}^{-1/2})^v\boldsymbol{A}^{1/2},$$

$$H_v^{\natural}(\boldsymbol{A},\boldsymbol{B})=\frac{\boldsymbol{A}\natural_v\boldsymbol{B}+\boldsymbol{A}\natural_{1-v}\boldsymbol{B}}{2},$$

其中，$v\notin[0,1]$. 特别地，当 $v\notin\left[\frac{1}{2},1\right]$ 时，我们用符号 $\Diamond_v$ 和 $H_v^{\Diamond}$ 来代替上述的相应二元运算. 值得注意的是，当 $v\in[0,1]$ 时，几何均值 $\#_v$ 是算子单调的，当 $v\notin[0,1]$ 时，则不然.

这里先给出关于 $v\notin[0,1]$ 上的几个标量不等关系式.

定理 6.3.2　设 $a,b>0$，且 $v\notin[0,1]$，则

（1）$va+(1-v)b+(v-1)(\sqrt{a}-\sqrt{b})^2\leqslant a^vb^{1-v}$；

（2）$(a+b)+2(v-1)(\sqrt{a}-\sqrt{b})^2\leqslant a^vb^{1-v}+b^va^{1-v}$；

（3）$(a+b)^2+2(v-1)(a-b)^2\leqslant(a^vb^{1-v}+b^va^{1-v})^2$.

证明： 设 $a,b>0$，且 $v\notin[0,1]$.

（1）构造函数：$f(t)=t^{1-v}-v+(v-1)t[t\in(0,\infty)]$，通过验证很容易知道，在区间 $(0,\infty)$ 上 $t=1$ 处取得最小值点. 因此，对所有的 $t>0$，有 $f(t)\geqslant f(1)=0$.

令 $t=\dfrac{b}{a}$，得到

$$va+(1-v)b \leqslant a^v b^{1-v}.$$

所以有

$$\begin{aligned} & va+(1-v)b+(v-1)(\sqrt{a}-\sqrt{b})^2 \\ & =(2-2v)\sqrt{ab}+(2v-1)a \\ & \leqslant (\sqrt{ab})^{2-2v} a^{2v-1} = a^v b^{1-v}. \end{aligned}$$

（2）同①相同的处理方法即可得到.

（3）将②中不等式中的标量 a,b 分别用 a^2,b^2 代换即可.

基于上面给出的 $v\notin[0,1]$ 的标量不等关系式，由定理 6.3.1 算子函数的单调性质，有如下关于算数-几何平均算子差及 Heinz 均值算子间的不等关系式.

定理 6.3.3　设 $a,b>0$，且 $v\notin[0,1]$，则

$$v\boldsymbol{A}+(1-v)\boldsymbol{B}+2(v-1)(\boldsymbol{A}\nabla\boldsymbol{B}-\boldsymbol{A}\#\boldsymbol{B}) \leqslant \boldsymbol{A}\natural_{1-v}\boldsymbol{B}. \tag{6.63}$$

证明： 由定理 6.3.2，对任意的 $b>0$，

$$v+(1-v)b+(v-1)(1-\sqrt{b})^2 \leqslant b^{1-v},$$

设 $\boldsymbol{X}=\boldsymbol{A}^{-1/2}\boldsymbol{B}\boldsymbol{A}^{-1/2}$，则显然 $\mathrm{Sp}(X)\subseteq(0,+\infty)$.

故对任意的 $t\in\mathrm{Sp}(\boldsymbol{X})$，有

$$v+(1-v)t+(v-1)(1-\sqrt{t})^2 \leqslant t^{1-v},$$

也即

$$vI+(1-v)\boldsymbol{X}+(v-1)\left(I-X^{\frac{1}{2}}\right)^2 \leqslant \boldsymbol{X}^{1-v}.$$

上式两边同时乘以 $\boldsymbol{A}^{1/2}$，得到

$$v\boldsymbol{A}+(1-v)\boldsymbol{B}+(v-1)(\boldsymbol{A}+\boldsymbol{B}-2\boldsymbol{A}^{1/2}\boldsymbol{X}^{1/2}\boldsymbol{A}^{1/2}) \leqslant \boldsymbol{A}^{1/2}\boldsymbol{X}^{1-v}\boldsymbol{A}^{1/2}.$$

从而有

$$v\boldsymbol{A}+(1-v)\boldsymbol{B}+2(v-1)(\boldsymbol{A}\nabla\boldsymbol{B}-\boldsymbol{A}\#\boldsymbol{B}) \leqslant \boldsymbol{A}\natural_{1-v}\boldsymbol{B}.$$

其中，$v\notin[0,1]$.

注解 6.3.1　在文献[177]中，作者得到下面的结论.

$$v\boldsymbol{A}+(1-v)\boldsymbol{B}+2(v-1)(\boldsymbol{A}\nabla\boldsymbol{B}-\boldsymbol{A}\#\boldsymbol{B}) \leqslant \boldsymbol{A}\#_{1-v}\boldsymbol{B}.$$

其中，$v\in\left[0,\frac{1}{2}\right]$.

因此，上述定理可以进一步推广至更广的范围

$$vA+(1-v)B+2(v-1)(A\nabla B-A\#B)\leqslant A_{1-v}^{\Diamond}B,$$

其中，$v\notin\left[\frac{1}{2},1\right]$.

注解 6.3.2 设正可逆算子 A,B 且 $B\geqslant A, v\in(1,2)$，从而有 $0<v-1<1$，$B^{-1}\leqslant A^{-1}$，则由加权几何均值算子 $\#_v$ 的算子单调性，有如下的不等式成立.

$$\begin{aligned}
&vA+(1-v)B+2(v-1)(A\nabla B-A\#B)\\
&\leqslant A\natural_{1-v}B\\
&=A^{12}(A^{-1/2}BA^{-12})^{1-\gamma}A^{12}\\
&=A^{1/2}(A^{1/2}B^{-1}A^{1/2})^{\gamma-1}A^{1/2}\\
&\leqslant A^{12}(A^{1/2}A^{-1}A^{12})^{1-1}A^{1/2}=A.
\end{aligned}$$

即

$$0\leqslant A\nabla B-A\#B\leqslant\frac{B-A}{2}.$$

同理，由定理 6.3.2 的（2）和（3），有如下的定理.

定理 6.3.4 设 $a,b>0$，且 $v\notin[0,1]$，则

$$A\nabla B+2(v-1)(A\nabla B-A\#B)\leqslant H_v^{\natural}(A,B). \tag{6.64}$$

注解 6.3.3 在文献[178]中，作者得到下面的结论.

$$A\nabla B+2(v-1)(A\nabla B-A\#B)\leqslant H_v(A,B),$$

其中，$v\in\left(0,\frac{1}{2}\right)$.

因此，上述定理可以进一步推广至更广的范围

$$A\nabla B+2(v-1)(A\nabla B-A\#B)\leqslant H_v^{\Diamond}(A,B),$$

其中，$v\notin\left[\frac{1}{2},1\right]$.

注解 6.3.4 设正可逆算子 A,B 且 $B\geqslant A, v\in(1,2)$，从而 $0<v-1<1$，$B^{-1}\leqslant A^{-1}$，则由加权几何均值算子 $\#_v$ 的单调性，有如下不等式成立

$$\begin{aligned}
&A\nabla B+2(v-1)(A\nabla B-A\#B)\\
&\leqslant H_v^{\natural}(A,B)
\end{aligned}$$

$$
\begin{aligned}
&=\frac{A\natural_{v}B+A\natural_{1-v}B}{2}\\
&=\frac{A^{1/2}(A^{-1/2}BA^{-1/2})^{v}A^{1/2}+A^{1/2}(A^{-1/2}BA^{-1/2})^{1-v}A^{1/2}}{2}\\
&=\frac{A^{1/2}(A^{-1/2}BA^{-1/2})^{v}A^{1/2}+A^{1/2}(A^{1/2}B^{-1}A^{1/2})^{v-1}A^{1/2}}{2}\\
&\leqslant\frac{A^{1/2}(A^{-1/2}BA^{-1/2})^{v}A^{1/2}+A^{1/2}(A^{1/2}A^{-1}A^{1/2})^{v-1}A^{1/2}}{2}\\
&=\frac{A^{1/2}(A^{-1/2}BA^{-1/2})^{v}A^{1/2}+A}{2}\\
&=\frac{A\natural_{v}B+A}{2},
\end{aligned}
$$

即

$$B+4(v-1)(A\nabla B-A\#B)\leqslant A\natural_{v}B.$$

定理 6.3.5　设 $a,b>0$，且 $v\notin[0,1]$，则

$$(2v-1)(A+A\natural_{2}B)-4(v-1)B\leqslant A\natural_{2-2v}B+A\natural_{2v}B. \tag{6.65}$$

注解 6.3.5　设正可逆算子 A,B 且 $B\geqslant A, v\in\left(1,\frac{3}{2}\right)$，从而 $0<2(v-1)<1$，$B^{-1}\leqslant A^{-1}$，同理，由加权几何均值算子 $\#_{v}$ 的单调性，有如下不等式成立：

$$
\begin{aligned}
&(2v-1)(A+A\natural_{2}B)-4(v-1)B\\
&\leqslant A\natural_{2-2v}B+A\natural_{2v}B\\
&=A^{1/2}(A^{-1/2}BA^{-1/2})^{2-2v}A^{1/2}+A\natural_{2v}B\\
&=A^{1/2}(A^{1/2}B^{-1}A^{1/2})^{2v-2}A^{1/2}+A\natural_{2v}B\\
&\leqslant A^{1/2}(A^{1/2}A^{-1}A^{1/2})^{2v-2}A^{1/2}+A\natural_{2v}B\\
&=A+A\natural_{2v}B,
\end{aligned}
$$

即

$$2(v-1)(A-2B)+(2v-1)A\natural_{2}B\leqslant A\natural_{2v}B.$$

接下来给出几个常规意义 $v\in[0,1]$ 上改进的 Young 及其逆的算子不等式. 在这之前，先给出如下定理.

定理 6.3.6 设 $a,b>0$，若 $0\leqslant v\leqslant\frac{1}{2}$，则

$$v^2a+(1-v)^2b\leqslant(1-v)^2(\sqrt{a}-\sqrt{b})^2+a^v[(1-v)^2b]^{1-v}.$$

若 $\frac{1}{2}\leqslant v\leqslant 1$，则

$$v^2a+(1-v)^2b\leqslant v^2(\sqrt{a}-\sqrt{b})^2+(v^2a)^vb^{1-v}.$$

基于定理 6.3.6，很容易得到下面的两个推论.

推论 6.3.1 设 $a,b>0$，若 $0\leqslant v\leqslant\frac{1}{2}$，则

$$2v(a+b)\leqslant 2(1-v)(\sqrt{a}-\sqrt{b})^2+(1-v)^{1-2v}[a^vb^{1-v}+b^va^{1-v}]. \quad (6.66)$$

若 $\frac{1}{2}\leqslant v\leqslant 1$，则

$$2(1-v)(a+b)\leqslant 2v(\sqrt{a}-\sqrt{b})^2+v^{2v-1}[a^vb^{1-v}+b^va^{1-v}]. \quad (6.67)$$

推论 6.3.2 设 $a,b>0$，如果 $0\leqslant v\leqslant\frac{1}{2}$，则

$$2v(a+b)^2\leqslant 2(1-v)(a-b)^2+(1-v)^{1-2v}(a^vb^{1-v}+b^va^{1-v})^2. \quad (6.68)$$

若 $\frac{1}{2}\leqslant v\leqslant 1$，则

$$2(1-v)(a+b)^2\leqslant 2v(a-b)^2+v^{2v-1}(a^vb^{1-v}+b^va^{1-v})^2. \quad (6.69)$$

由定理 2.3.1 及推论 2.3.1，有如下关于几何-算术均值算子之差的不等关系式.

定理 6.3.7 设正可逆算子 $\boldsymbol{A},\boldsymbol{B}$，且 $v\in[0,1]$，若 $0\leqslant v\leqslant\frac{1}{2}$，则

$$v^2\boldsymbol{A}+(1-v)^2\boldsymbol{B}\leqslant 2(v-1)^2(\boldsymbol{A}\nabla\boldsymbol{B}-\boldsymbol{A}\#\boldsymbol{B})+(1-v)^{2(1-v)}\boldsymbol{A}\#_{1-v}\boldsymbol{B}.$$

若 $\frac{1}{2}\leqslant v\leqslant 1$，则

$$v^2\boldsymbol{A}+(1-v)^2\boldsymbol{B}\leqslant 2v^2(\boldsymbol{A}\nabla\boldsymbol{B}-\boldsymbol{A}\#\boldsymbol{B})+v^{2v}\boldsymbol{A}\#_{1-v}\boldsymbol{B},$$

证明： $0\leqslant v\leqslant\frac{1}{2}$，由定理，对任意 $b>0$，

$$v^2+(1-v)^2b\leqslant(1-v)^2(1-\sqrt{b})^2+[(1-v)^2b]^{1-v}.$$

设 $\boldsymbol{X}=\boldsymbol{A}^{-1/2}\boldsymbol{B}\boldsymbol{A}^{-1/2}$，则很显然 $\mathrm{Sp}(\boldsymbol{X})\subseteq(0,+\infty)$.

故对任意 $t\in\mathrm{Sp}(X)$，有

$$v^2+(1-v)^2t\leqslant(1-v)^2(1-\sqrt{t})^2+[(1-v)^2t]^{1-v},$$

也即

$$v^2I+(1-v)^2X\leqslant(1-v)^2\left(I-X^{\frac{1}{2}}\right)^2+[(1-v)^2X]^{1-v}.$$

上式两边同时乘以 $A^{1/2}$，得

$$v^2\boldsymbol{A}+(1-v)^2\boldsymbol{B}\leqslant 2(v-1)^2(\boldsymbol{A}\nabla\boldsymbol{B}-\boldsymbol{A}\#\boldsymbol{B})+(1-v)^{2(1-v)}\boldsymbol{A}\#_{1-v}\boldsymbol{B}.$$

同理，由定理 2.3.1 以及推论 2.3.2，可以得到如下关于几何-算术均值算子之差与 Heinz 均值算子之间的一个不等关系式.

定理 6.3.8　设正可逆算子 $\boldsymbol{A},\boldsymbol{B}$，且 $v\in[0,1]$，若 $0\leqslant v\leqslant\frac{1}{2}$，则

$$2v\boldsymbol{A}\nabla\boldsymbol{B}\leqslant 2(1-v)(\boldsymbol{A}\nabla\boldsymbol{B}-\boldsymbol{A}\#\boldsymbol{B})+(1-v)^{1-2v}H_v(\boldsymbol{A},\boldsymbol{B}).$$

若 $\frac{1}{2}\leqslant v\leqslant 1$，则

$$2(1-v)\boldsymbol{A}\nabla\boldsymbol{B}\leqslant 2v(\boldsymbol{A}\nabla\boldsymbol{B}-\boldsymbol{A}\#\boldsymbol{B})+v^{2v-1}H_v(\boldsymbol{A},\boldsymbol{B}).$$

6.1.4　Hilbert-Schmidt 范数下的 Young 及其逆不等式

本节主要给出一些关于 Hilbert-Schmidt 范数下的矩阵型算子不等式. 其主要技巧是 6.1.2 节和 6.1.3 节中得到的细化了的 Young 型及其逆的标量不等式，以及下述著名的谱分解定理.

由于每个半正定矩阵都可以酉对角化，因此，对半正定矩阵 $\boldsymbol{A}$ 和 $\boldsymbol{B}$，存在两个酉矩阵 $\boldsymbol{U}$ 和 $\boldsymbol{V}$，满足 $\boldsymbol{A}=\boldsymbol{U}\mathrm{diag}(\lambda_1,\lambda_2,\cdots,\lambda_n)\boldsymbol{U}^*$ 和 $\boldsymbol{B}=\boldsymbol{V}\mathrm{diag}(\mu_1,\mu_2,\cdots,\mu_n)\boldsymbol{V}^*$ $(\lambda_i,\mu_i\geqslant 0,\quad i=1,2,\cdots,n)$.

定理 6.4.1　设正可逆矩阵 $\boldsymbol{A},\boldsymbol{B}$，$\boldsymbol{X}\in M_n$ 且 $v\in[0,1]$，若 $0\leqslant v\leqslant\frac{1}{2}$，则

$$2v\|\boldsymbol{AX}+\boldsymbol{XB}\|_2^2\leqslant 2(1-v)\|\boldsymbol{AX}-\boldsymbol{XB}\|_2^2+(1-v)^{1-2v}\|\boldsymbol{A}^v\boldsymbol{XB}^{1-v}+\boldsymbol{A}^{1-v}\boldsymbol{XB}^v\|_2^2.$$

若 $\frac{1}{2}\leqslant v\leqslant 1$，则

$$2(1-v)\|\boldsymbol{AX}+\boldsymbol{XB}\|_2^2\leqslant 2v\|\boldsymbol{AX}-\boldsymbol{XB}\|_2^2+v^{2v-1}\|\boldsymbol{A}^v\boldsymbol{XB}^{1-v}+\boldsymbol{A}^{1-v}\boldsymbol{XB}^v\|_2^2.$$

证明：由谱分解定理可知，存在酉矩阵 $\boldsymbol{U},\boldsymbol{V}\in M_n$ 使得 $\boldsymbol{A}=\boldsymbol{U}\boldsymbol{\Lambda}_1\boldsymbol{U}^*$ 以及 $\boldsymbol{B}=\boldsymbol{V}\boldsymbol{\Lambda}_2\boldsymbol{V}^*$ 成立，其中，$\boldsymbol{\Lambda}_1=\mathrm{diag}(\lambda_1,\lambda_2,\cdots,\lambda_n)$，$\boldsymbol{\Lambda}_2=\mathrm{diag}(\mu_1,\mu_2,\cdots,\mu_n)$，

$\lambda_i,\mu_i(i=1,2,\cdots,n)$分别是矩阵 $\boldsymbol{A},\boldsymbol{B}$ 的特征值.

设$\boldsymbol{Y}=\boldsymbol{U}^*\boldsymbol{X}\boldsymbol{V}=[y_j]$，则有如下的等量关系成立

$$\boldsymbol{AX}+\boldsymbol{XB}=\boldsymbol{U}(\boldsymbol{\Lambda}_1\boldsymbol{Y}+\boldsymbol{Y}\boldsymbol{\Lambda}_2)\boldsymbol{V}^*=\boldsymbol{U}[(\lambda_i+\mu_i)y_{ij}]\boldsymbol{V}^*,$$

$$\boldsymbol{AX}-\boldsymbol{XB}=\boldsymbol{U}(\boldsymbol{\Lambda}_1\boldsymbol{Y}-\boldsymbol{Y}\boldsymbol{\Lambda}_2)\boldsymbol{V}^*=\boldsymbol{U}[(\lambda_i-\mu_i)y_{ij}]\boldsymbol{V}^*,$$

$$\begin{aligned}\boldsymbol{A}^v\boldsymbol{XB}^{1-v}+\boldsymbol{A}^{1-v}\boldsymbol{XB}^v&=\boldsymbol{U}\boldsymbol{\Lambda}_1^v\boldsymbol{U}^*\boldsymbol{XV}\boldsymbol{\Lambda}_2^{1-v}\boldsymbol{V}^*+\boldsymbol{U}\boldsymbol{\Lambda}_1^{1-v}\boldsymbol{U}^*\boldsymbol{XV}\boldsymbol{\Lambda}_2^v\boldsymbol{V}^*\\&=\boldsymbol{U}\boldsymbol{\Lambda}_1^v\boldsymbol{Y}\boldsymbol{\Lambda}_2^{1-v}\boldsymbol{V}^*+\boldsymbol{U}\boldsymbol{\Lambda}_1^{1-v}\boldsymbol{Y}\boldsymbol{\Lambda}_2^v\boldsymbol{V}^*\\&=\boldsymbol{U}[\boldsymbol{\Lambda}_1^v\boldsymbol{Y}\boldsymbol{\Lambda}_2^{1-v}+\boldsymbol{\Lambda}_1^{1-v}\boldsymbol{Y}\boldsymbol{\Lambda}_2^v]\boldsymbol{V}^*\\&=\boldsymbol{U}[(\lambda_i^v\mu_i^{1-v}+\lambda_i^{1-v}\mu_i^v)y_{jj}]\boldsymbol{V}^*.\end{aligned}$$

若$0\leqslant v\leqslant\frac{1}{2}$，则根据式（6.68）以及 Hilbert-Schmidt 范数的酉不变性，有

$$\begin{aligned}&2v\|\boldsymbol{AX}+\boldsymbol{XB}\|_2^2\\&=2v\sum_{i,j=1}^n(\lambda_i+\mu_i)^2|y_{ij}|^2\\&\leqslant2(1-v)\sum_{i,j=1}^n(\lambda_i-\mu_i)^2|y_i|^2+(1-v)^{1-2v}\sum_{i,j=1}^n(\lambda_i^y\mu_i^{1-v}+\lambda_i^{1-v}\mu_i^v)^2|y_{ij}|^2\\&=2(1-v)\|\boldsymbol{AX}-\boldsymbol{XB}\|_2^2+(1-v)^{1-2v}\|\boldsymbol{A}^v\boldsymbol{XB}^{1-v}+\boldsymbol{A}^{1-v}\boldsymbol{XB}^v\|_2^2.\end{aligned}$$

若$\frac{1}{2}\leqslant v\leqslant1$，进行相同的处理，可以得到对应的不等式.

接下来，我们给出 6.1.2 节中得到多参数 Young 及其逆的标量不等式的 Hilbert-Schmidt 范数下的矩阵不等式.

定理 6.4.2 设 $\boldsymbol{A},\boldsymbol{B},\boldsymbol{X}\in M_n$，且 $\boldsymbol{A},\boldsymbol{B}$ 为半正定矩阵，$p\geqslant q\geqslant r\geqslant0$，则有

$$\begin{aligned}&(\alpha-\beta)^{2\beta}\|\boldsymbol{A}^p\boldsymbol{XB}^q\|_2^2+\beta^2\|\boldsymbol{A}^{p+r}\boldsymbol{XB}^{q-r}\pm\boldsymbol{A}^{q-r}\boldsymbol{XB}^{p+r}\|_2^2\\&+\gamma_0(\alpha-\beta)\left\|\frac{1}{\sqrt{1-2\beta}}\boldsymbol{A}^{p+\tau}\boldsymbol{XB}^{q-r}-\boldsymbol{A}^{\frac{p+q}{2}}\boldsymbol{XB}^{\frac{p+q}{2}}\right\|_2^2\leqslant\alpha\boldsymbol{A}^{p+r}\boldsymbol{XB}^{q-T}+\beta\boldsymbol{A}^{q-r}\boldsymbol{XB}^{p+r}\|_2^2,\end{aligned}$$

其中，$\gamma_0=\min\{2\beta,1-2\beta\}$.

证明：因为矩阵 $\boldsymbol{A},\boldsymbol{B}$ 为半正定矩阵，所以由矩阵的谱分解可知，存在两个酉矩阵 $\boldsymbol{U},\boldsymbol{V}\in M_n$，使得 $\boldsymbol{A}=\boldsymbol{U\Lambda U}^*$ 和 $\boldsymbol{B}=\boldsymbol{V\Gamma V}^*$，其中，$\boldsymbol{\Lambda}=\mathrm{diag}(\lambda_1,\lambda_2,\cdots,\lambda_n)$，$\boldsymbol{\Gamma}=\mathrm{diag}(\mu_1,\mu_2,\cdots,\mu_n)$ $\lambda_j,\mu_j(j=1,2,\cdots,n)$分别是矩阵

$\boldsymbol{A},\boldsymbol{B}$ 的特征值.

设 $\boldsymbol{Y}=\boldsymbol{U}^*\boldsymbol{X}\boldsymbol{V}=[y_{ij}]$，则有如下一系列等量关系

$$\boldsymbol{A}^p\boldsymbol{X}\boldsymbol{B}^q=\boldsymbol{U}\boldsymbol{\Lambda}^p\boldsymbol{Y}\boldsymbol{\Gamma}^q\boldsymbol{V}^*=\boldsymbol{U}[\lambda_i^p\mu_j^q y_{ij}]\boldsymbol{V}^*,$$

$$\boldsymbol{A}^{p+r}\boldsymbol{X}\boldsymbol{B}^{q-r}\pm\boldsymbol{A}^{q-r}\boldsymbol{X}\boldsymbol{B}^{p+r}=\boldsymbol{U}[(\lambda_i^{p+r}\mu_j^{q-r}\pm\lambda_i^{q-r}\mu_j^{p+t})y_{ij}]\boldsymbol{V}^*,$$

$$\alpha\boldsymbol{A}^{p+r}\boldsymbol{X}\boldsymbol{B}^{q-r}+\beta\boldsymbol{A}^{q-r}\boldsymbol{X}\boldsymbol{B}^{p+r}=\boldsymbol{U}[(\alpha\lambda_i^{p+r}\mu_j^{q-r}+\beta\lambda_i^{q-r}\mu_j^{p+r})y_{ij}]\boldsymbol{V}^*,$$

$$\frac{1}{\sqrt{1-2\beta}}\boldsymbol{A}^{p+r}\boldsymbol{X}\boldsymbol{B}^{q-r}-\boldsymbol{A}^{\frac{p+q}{2}}\boldsymbol{X}\boldsymbol{B}^{\frac{p+q}{2}}=\boldsymbol{U}\left[\left(\frac{1}{\sqrt{1-2\beta}}\lambda_i^{p+r}\mu_j^{q-r}-\lambda_i^{\frac{p+q}{2}}\mu_j^{\frac{p+q}{2}}\right)y_{ij}\right]\boldsymbol{V}^*.$$

由上述的式子及定理 6.2.2，有

$$\begin{aligned}
&(\alpha-\beta)^{2\beta}\|\boldsymbol{A}^p\boldsymbol{X}\boldsymbol{B}^q\|_2^2+\beta^2\|\boldsymbol{A}^{p+r}\boldsymbol{X}\boldsymbol{B}^{q-r}\pm\boldsymbol{A}^{q-r}\boldsymbol{X}\boldsymbol{B}^{p+r}\|_2^2\\
&\quad+\gamma_0(\alpha-\beta)\left\|\frac{1}{\sqrt{1-2\beta}}\boldsymbol{A}^{p+r}\boldsymbol{X}\boldsymbol{B}^{q-r}-\boldsymbol{A}^{\frac{p+q}{2}}\boldsymbol{X}\boldsymbol{B}^{\frac{p+q}{2}}\right\|_2^2\\
&=(\alpha-\beta)^{2\beta}\sum_{i,j=1}^n(\lambda_i^{2p}\mu_j^{2q})(y_{ij})^2+\beta^2\sum_{i,j=1}^n(\lambda_i^{p+r}\mu_j^{q-r}\pm\lambda_i^{q-r}\mu_j^{p+r})^2|y_{ij}|^2\\
&\quad+\gamma_0(\alpha-\beta)\sum_{i,j=1}^n\left(\frac{1}{\sqrt{1-2\beta}}\lambda_i^{p+r}\mu_j^{q-r}-\lambda_i^{\frac{p+q}{2}}\mu_j^{\frac{p+q}{2}}\right)^2|y_{ij}|^2\\
&\leqslant\sum_{i,j=1}^n(\alpha\lambda_i^{p+r}\mu_j^{q-r}+\beta\lambda_i^{q-r}\mu_j^{p+r})^2|y_{ij}|^2\\
&=\|\alpha\boldsymbol{A}^{p+r}\boldsymbol{X}\boldsymbol{B}^{q-r}+\beta\boldsymbol{A}^{q-r}\boldsymbol{X}\boldsymbol{B}^{p+r}\|_2^2.
\end{aligned}$$

定理 6.4.3 设 $\boldsymbol{A},\boldsymbol{B},\boldsymbol{X}\in M_n$，且 $\boldsymbol{A},\boldsymbol{B}$ 为半正定矩阵，$p\geqslant q\geqslant r\geqslant 0$，则有

$$\begin{aligned}
&\|\boldsymbol{A}^p\boldsymbol{X}\boldsymbol{B}^q\|_2^2+\beta^2\|\boldsymbol{A}^{p+r}\boldsymbol{X}\boldsymbol{B}^{q-r}-\boldsymbol{A}^{q-r}\boldsymbol{X}\boldsymbol{B}^{p+r}\|_2^2+\gamma_0\|\boldsymbol{A}^{p+r}\boldsymbol{X}\boldsymbol{B}^{q-r}-\boldsymbol{A}^{\frac{p+q}{2}}\boldsymbol{X}\boldsymbol{B}^{\frac{p+q}{2}}\|_2^2\\
&\qquad\leqslant\|\alpha\boldsymbol{A}^{p+r}\boldsymbol{X}\boldsymbol{B}^{q-r}+\beta\boldsymbol{A}^{q-r}\boldsymbol{X}\boldsymbol{B}^{p+r}\|_2^2
\end{aligned}$$

和

$$\begin{aligned}
&\|\boldsymbol{A}^p\boldsymbol{X}\boldsymbol{B}^q\|_2^2+\alpha^2\|\boldsymbol{A}^{p+r}\boldsymbol{X}\boldsymbol{B}^{q-r}-\boldsymbol{A}^{q-r}\boldsymbol{X}\boldsymbol{B}^{p+r}\|_2^2-(2\alpha-1)\|\boldsymbol{A}^{p+r}\boldsymbol{X}\boldsymbol{B}^{q-r}-\boldsymbol{A}^{\frac{p+q}{2}}\boldsymbol{X}\boldsymbol{B}^{\frac{p+q}{2}}\|_2^2\\
&\qquad\geqslant\|\alpha\boldsymbol{A}^{p+r}\boldsymbol{X}\boldsymbol{B}^{q-r}+\beta\boldsymbol{A}^{q-r}\boldsymbol{X}\boldsymbol{B}^{p+r}\|_2^2,
\end{aligned}$$

其中，$\gamma_0=\min\{2\beta,1-2\beta\}$.

定理 6.4.4 设 $\boldsymbol{A},\boldsymbol{B},\boldsymbol{X}\in M_n$，并且 $\boldsymbol{A},\boldsymbol{B}$ 为半正定矩阵，$p\geqslant q\geqslant r\geqslant 0$，则有

$$\beta^{2,\beta}\|A^pXB^q\|_2^2+\beta^2\|A^{p+r}XB^{q-r}-A^{q-r}XB^{p+r}\|_2^2+2\alpha\beta\|A^{\frac{p+q}{2}}XB^{\frac{p+q}{2}}\|_2^2$$
$$+\gamma_0\|A^{\frac{p+r}{2}}XB^{\frac{q-r}{2}}-\sqrt{\beta}A^{\frac{p+q}{4}}XB^{\frac{p+q}{4}}\|_2^2\leqslant\|\alpha A^{p+r}XB^{q-r}+\beta A^{q-r}XB^{p+r}\|_2^2$$

和

$$\alpha^{2\alpha}\|A^pXB^q\|_2^2+\alpha^2\|A^{p+r}XB^{q-r}-A^{q-r}XB^{p+r}\|_2^2+2\alpha\beta\|A^{\frac{p+q}{2}}XB^{\frac{p+q}{2}}\|_2^2$$
$$-(\alpha-\beta)\|\sqrt{\alpha}A^{\frac{p+r}{2}}XB^{\frac{q-r}{2}}-A^{\frac{p+q}{4}}XB^{\frac{p+q}{4}}\|_2^2\geqslant\|\alpha A^{p+r}XB^{q-r}+\beta A^{q-r}XB^{p+r}\|_2^2,$$

其中，$\gamma_0=\min\{2\beta,1-2\beta\}$.

证明：因为矩阵 A,B 为半正定矩阵，所以由矩阵的谱分解可知，存在两个酉矩阵 $U,V\in M_n$，使得 $A=U\Lambda U^*$ 及 $B=V\Gamma V^*$，其中，$\Lambda=\mathrm{diag}(\lambda_1,\lambda_2,\cdots,\lambda_n)$，$\Gamma=\mathrm{diag}(\mu_1,\mu_2,\cdots,\mu_n)$，$\lambda_j,\mu_j(j=1,2,\cdots,n)$ 分别是矩阵 A,B 的特征值.

设 $Y=U^*XV=[y_{ij}]$，则有如下一系列等量关系

$$A^{\frac{p+q}{2}}XB^{\frac{p+q}{2}}=U[(\lambda_i^{\frac{p+q}{2}}\mu_j^{\frac{p+q}{2}})y_{ij}]V^*,$$
$$A^{p+r}XB^{q-r}-A^{q-r}XB^{p+r}=U[(\lambda_i^{p+r}\mu_j^{q-r}-\lambda_i^{q-r}\mu_j^{p+r})y_{ij}]V^*,$$
$$A^{\frac{p+r}{2}}XB^{\frac{q-r}{2}}-\sqrt{\beta}A^{\frac{p+q}{4}}XB^{\frac{p+q}{4}}=U[(\lambda_i^{\frac{p+r}{2}}\mu_j^{\frac{q-r}{2}}-\sqrt{\beta}\lambda_i^{\frac{p+q}{4}}\mu_j^{\frac{p+q}{4}})y_{ij}]V^*,$$

由上述的式子及定理 6.2.4，有

$$\beta^{2\beta}\|A^pXB^q\|_2^2+\beta^2\|A^{p+r}XB^{q-r}-A^{q-r}XB^{p+r}\|_2^2+2\alpha\beta\|A^{\frac{p+q}{2}}XB^{\frac{p+q}{2}}\|_2^2$$
$$+\gamma_0\|A^{\frac{p+r}{2}}XB^{\frac{q-r}{2}}-\sqrt{\beta}A^{\frac{p+q}{4}}XB^{\frac{p+q}{4}}\|_2^2$$
$$=\beta^{2\beta}\sum_{i,j=1}^{n}(\lambda_i^{2p}\mu_j^{2q})|y_{ij}|^2+\beta^2\sum_{i,j-1}^{n}(\lambda_i^{p+r}\mu_j^{q-r}-\lambda_i^{q-r}\mu_j^{p+r})^2|y_{ij}|^2$$
$$+2\alpha\beta\sum_{i,j=1}^{n}(\lambda_i^{\frac{p+q}{2}}\mu_j^{\frac{p+q}{2}})|y_{ij}|^2+\gamma_0\sum_{i,j-1}^{n}(\lambda_i^{\frac{p+r}{2}}\mu_j^{\frac{q-r}{2}}-\sqrt{\beta}\lambda_i^{\frac{p+q}{4}}\mu_j^{\frac{p+q}{4}})^2|y_{ij}|^2$$
$$\leqslant\sum_{i,j=1}^{n}(\alpha^2\lambda_i^{p+r}\mu_j^{q-r}+\beta^2\lambda_i^{q-r}\mu_j^{p+r})|y_i|^2+2\alpha\beta\sum_{i,j=1}^{n}(\lambda_i^{\frac{p+q}{2}}\mu_j^{\frac{p+q}{2}})^2|y_{ij}|^2$$
$$=\sum_{i,j=1}^{n}(\alpha\lambda_i^{p+r}\mu_j^{q-r}+\beta\lambda_i^{q-r}\mu_j^{p+r})^2|y_{ij}|^2$$
$$=\|\alpha A^{p+r}XB^{q-r}+\beta A^{q-r}XB^{p+r}\|_2^2.$$

推论 6.2.2 的 Hilbert-Schmidt 范数下的矩阵不等式形式如下.

定理 6.4.5　设 $\boldsymbol{A},\boldsymbol{B},\boldsymbol{X}\in M_n$，且 $\boldsymbol{A},\boldsymbol{B}$ 半正定矩阵，$p\geqslant q\geqslant r\geqslant 0$，则有

$$\begin{aligned}&\|\boldsymbol{A}^p\boldsymbol{X}\boldsymbol{B}^q+\boldsymbol{A}^q\boldsymbol{X}\boldsymbol{B}^p\|_2^2+2\beta\|\boldsymbol{A}^{p+r}\boldsymbol{X}\boldsymbol{B}^{q-r}-\boldsymbol{A}^{q-r}\boldsymbol{X}\boldsymbol{B}^{p+r})^2\\&+\gamma_0(\|\boldsymbol{A}^{p+r}\boldsymbol{X}\boldsymbol{B}^{q-r}-\boldsymbol{A}^{\frac{p+q}{2}}\boldsymbol{X}\boldsymbol{B}^{\frac{p+q}{2}}\|_2^2+\|\boldsymbol{A}^{q-r}\boldsymbol{X}\boldsymbol{B}^{p+r}-\boldsymbol{A}^{\frac{p+q}{2}}\boldsymbol{X}\boldsymbol{B}^{\frac{p+q}{2}}\|_2^2)\\&\leqslant\|\boldsymbol{A}^{p+r}\boldsymbol{X}\boldsymbol{B}^{q-r}+\boldsymbol{A}^{q-r}\boldsymbol{X}\boldsymbol{B}b^{p+r}\|_2^2\end{aligned}$$

和

$$\begin{aligned}&\|\boldsymbol{A}^p\boldsymbol{X}\boldsymbol{B}^q+\boldsymbol{A}^q\boldsymbol{X}\boldsymbol{B}^p\|_2^2+2\alpha\|\boldsymbol{A}^{p+r}\boldsymbol{X}\boldsymbol{B}^{q-r}-\boldsymbol{A}^{q-r}\boldsymbol{X}\boldsymbol{B}^{p+r})^2\\&-(\alpha-\beta)(\|\boldsymbol{A}^{p+r}\boldsymbol{X}\boldsymbol{B}^{q-r}-\boldsymbol{A}^{\frac{p+q}{2}}\boldsymbol{X}\boldsymbol{B}^{\frac{p+q}{2}}\|_2^2+\|\boldsymbol{A}^{q-r}\boldsymbol{X}\boldsymbol{B}^{p+r}-\boldsymbol{A}^{\frac{p+q}{2}}\boldsymbol{X}\boldsymbol{B}^{\frac{p+q}{2}}\|_2^2)\\&\geqslant\|\boldsymbol{A}^{p+r}\boldsymbol{X}\boldsymbol{B}^{q-r}+\boldsymbol{A}^{q-r}\boldsymbol{X}\boldsymbol{B}b^{p+r}\|_2^2.\end{aligned}$$

其中，$\gamma_0=\min\{2\beta,1-2\beta\}$.

下面给出具有 Kantorovich 常数的一系列多参数 Young 型及其逆在 Hilbert-Schmidt 范数下的矩阵不等式形式.

定理 6.4.6　设 $\boldsymbol{A},\boldsymbol{B},\boldsymbol{X}\in M_n$，且 $\boldsymbol{A},\boldsymbol{B}$ 为半正定矩阵，$p\geqslant q\geqslant r\geqslant 0$，则有

$$\begin{aligned}&K(\sqrt{(1-2\beta)h},2)^{r'}(\alpha-\beta)^{2\beta}\|\boldsymbol{A}^p\boldsymbol{X}\boldsymbol{B}^q\|_2^2+\beta^2\|\boldsymbol{A}^{p+r}\boldsymbol{X}\boldsymbol{B}^{q-r}\pm\boldsymbol{A}^{q-r}\boldsymbol{X}\boldsymbol{B}^{p+r}\|_2^2\\&+\gamma_0(\alpha-\beta)\left\|\frac{1}{\sqrt{1-2\beta}}\boldsymbol{A}^{p+r}\boldsymbol{X}\boldsymbol{B}^{q-r}-\boldsymbol{A}^{\frac{p+q}{2}}\boldsymbol{X}\boldsymbol{B}^{\frac{p+q}{2}}\right\|_2^2\leqslant\alpha\boldsymbol{A}^{p+r}\boldsymbol{X}\boldsymbol{B}^{q-r}+\beta\boldsymbol{A}^{q-r}\boldsymbol{X}\boldsymbol{B}^{p+r}\|_2^2,\end{aligned}$$

其中，$h=\left(\dfrac{\|\boldsymbol{B}\|_2}{\|\boldsymbol{A}\|_2}\right)^{p-q+2r}$，$\gamma_0=\min\{2\beta,1-2\beta\}$ 和 $r'==\min\{2\gamma_0,1-2\gamma_0\}$.

证明：因为矩阵 $\boldsymbol{A},\boldsymbol{B}$ 为半正定矩阵，所以由矩阵的谱分解可知，存在两个酉矩阵 $\boldsymbol{U},\boldsymbol{V}\in M_n$，使得 $\boldsymbol{A}=\boldsymbol{U}\boldsymbol{\Lambda}\boldsymbol{U}^*$ 及 $\boldsymbol{B}=\boldsymbol{V}\boldsymbol{\Gamma}\boldsymbol{V}^*$，其中，$\boldsymbol{\Lambda}=\mathrm{diag}(\lambda_1,\lambda_2,\cdots,\lambda_n)$，$\boldsymbol{\Gamma}=\mathrm{diag}(\mu_1,\mu_2,\cdots,\mu_n)$，$\lambda_j,\mu_j(j=1,2,\cdots,n)$ 分别是矩阵 $\boldsymbol{A},\boldsymbol{B}$ 的特征值.

设 $\boldsymbol{Y}=\boldsymbol{U}^*\boldsymbol{X}\boldsymbol{V}=[y_{ij}]$，则有如下一系列等量关系

$$\boldsymbol{A}^p\boldsymbol{X}\boldsymbol{B}^q=\boldsymbol{U}\boldsymbol{\Lambda}^p\boldsymbol{Y}\boldsymbol{\Gamma}^q\boldsymbol{V}^*=\boldsymbol{U}[\lambda_i^p\mu_j^q y_{ij}]\boldsymbol{V}^*,$$

$$\boldsymbol{A}^{p+r}\boldsymbol{X}\boldsymbol{B}^{q-r}\pm\boldsymbol{A}^{q-r}\boldsymbol{X}\boldsymbol{B}^{p+r}=\boldsymbol{U}[(\lambda_i^{p+r}\mu_j^{q-r}\pm\lambda_i^{q-r}\mu_j^{p+t})y_{ij}]\boldsymbol{V}^*,$$

$$\alpha\boldsymbol{A}^{p+r}\boldsymbol{X}\boldsymbol{B}^{q-r}+\beta\boldsymbol{A}^{q-r}\boldsymbol{X}\boldsymbol{B}^{p+r}=\boldsymbol{U}[(\alpha\lambda_i^{p+r}\mu_j^{q-r}+\beta\lambda_i^{q-r}\mu_j^{p+r})y_{ij}]\boldsymbol{V}^*,$$

$$\frac{1}{\sqrt{1-2\beta}}\boldsymbol{A}^{p+r}\boldsymbol{X}\boldsymbol{B}^{q-r}-\boldsymbol{A}^{\frac{p+q}{2}}\boldsymbol{X}\boldsymbol{B}^{\frac{p+q}{2}}=\boldsymbol{U}\left[\left(\frac{1}{\sqrt{1-2\beta}}\lambda_i^{p+r}\mu_j^{q-r}-\lambda_i^{\frac{p+q}{2}}\mu_j^{\frac{p+q}{2}}\right)y_{ij}\right]\boldsymbol{V}^*.$$

由上述的式子及定理 6.2.7，有

$$\begin{aligned}
&K(\sqrt{(1-2\beta)h},2)^{r'}(\alpha-\beta)^{2\beta}\|\boldsymbol{A}^p\boldsymbol{X}\boldsymbol{B}^q\|_2^2+\beta^2\|\boldsymbol{A}^{p+r}\boldsymbol{X}\boldsymbol{B}^{q-r}\pm\boldsymbol{A}^{q-r}\boldsymbol{X}\boldsymbol{B}^{p+r}\|_2^2\\
&+\gamma_0(\alpha-\beta)\left\|\frac{1}{\sqrt{1-2\beta}}\boldsymbol{A}^{p+r}\boldsymbol{X}\boldsymbol{B}^{q-r}-\boldsymbol{A}^{\frac{p+q}{2}}\boldsymbol{X}\boldsymbol{B}^{\frac{p+q}{2}}\right\|_2^2\\
&=K(\sqrt{(1-2\beta)h},2)^{r}(\alpha-\beta)^{2\beta}\sum_{i,j=1}^{n}(\lambda_i^{2p}\mu_j^{2q})|y_{ij}|^2+\beta^2\sum_{i,j=1}^{n}(\lambda_i^{p+r}\mu_j^{q-r}\pm\lambda_i^{q-r}\mu_j^{p+r})^2|y_{ij}|^2\\
&+\gamma_0(\alpha-\beta)\sum_{i,j=1}^{n}\left(\frac{1}{\sqrt{1-2\beta}}\lambda_i^{p+r}\mu_j^{q-r}-\lambda_i^{\frac{p+q}{2}}\mu_j^{\frac{p+q}{2}}\right)^2|y_{ij}|^2\\
&\leqslant\sum_{i,j=1}^{n}(\alpha\lambda_i^{p+r}\mu_j^{q-r}+\beta\lambda_i^{q-r}\mu_j^{p+r})^2|y_{ji}|^2\\
&=\|\alpha\boldsymbol{A}^{p+r}\boldsymbol{X}\boldsymbol{B}^{q-r}+\beta\boldsymbol{A}^{q-r}\boldsymbol{X}\boldsymbol{B}^{p+r}\|_2^2.
\end{aligned}$$

定理 6.4.7 设 $\boldsymbol{A},\boldsymbol{B},\boldsymbol{X}\in M_n$，且 $\boldsymbol{A},\boldsymbol{B}$ 为半正定矩阵，$p\geqslant q\geqslant r\geqslant 0$，则有

$$K(\sqrt{h},2)^{r'}\|\boldsymbol{A}^p\boldsymbol{X}\boldsymbol{B}^q\|_2^2+\beta^2\|\boldsymbol{A}^{p+r}\boldsymbol{X}\boldsymbol{B}^{q-r}-\boldsymbol{A}^{q-r}\boldsymbol{X}\boldsymbol{B}^{p+r}\|_2^2+\gamma_0\|\boldsymbol{A}^{p+r}\boldsymbol{X}\boldsymbol{B}^{q-r}-\boldsymbol{A}^{\frac{p+q}{2}}\boldsymbol{X}\boldsymbol{B}^{\frac{p+q}{2}}\|_2^2$$
$$\leqslant\|\alpha\boldsymbol{A}^{p+r}\boldsymbol{X}\boldsymbol{B}^{q-r}+\beta\boldsymbol{A}^{q-r}\boldsymbol{X}\boldsymbol{B}^{p+r}\|_2^2$$

和

$$K(\sqrt{h},2)^{-r'}\|\boldsymbol{A}^p\boldsymbol{X}\boldsymbol{B}^q\|_2^2+\beta^2\|\boldsymbol{A}^{p+r}\boldsymbol{X}\boldsymbol{B}^{q-r}-\boldsymbol{A}^{q-r}\boldsymbol{X}\boldsymbol{B}^{p+r}\|_2^2+s_0\|\boldsymbol{A}^{p+r}\boldsymbol{X}\boldsymbol{B}^{q-r}-\boldsymbol{A}^{\frac{p+q}{2}}\boldsymbol{X}\boldsymbol{B}^{\frac{p+q}{2}}\|_2^2$$
$$\geqslant\|\alpha\boldsymbol{A}^{p+r}\boldsymbol{X}\boldsymbol{B}^{q-r}+\beta\boldsymbol{A}^{q-r}\boldsymbol{X}\boldsymbol{B}^{p+r}\|_2^2$$

成立，其中，$h=\left(\frac{\|\boldsymbol{B}\|_2}{\|\boldsymbol{A}\|_2}\right)^{p-q+2r}$，$\gamma_0=\min\{2\beta,1-2\beta\}$，$s_0=\max\{2\beta,1-2\beta\}$ 和 $r'==\min\{2\gamma_0,1-2\gamma_0\}$.

定理 6.4.8 设 $\boldsymbol{A},\boldsymbol{B},\boldsymbol{X}\in M_n$，且 $\boldsymbol{A},\boldsymbol{B}$ 为半正定矩阵，$p\geqslant q\geqslant r\geqslant 0$，则有

$$K(\sqrt{h},2)^{r'}\beta^{2\beta}\|\boldsymbol{A}^p\boldsymbol{X}\boldsymbol{B}^q\|_2^2+\beta^2\|\boldsymbol{A}^{p+r}\boldsymbol{X}\boldsymbol{B}^{q-r}-\boldsymbol{A}^{q-r}\boldsymbol{X}\boldsymbol{B}^{p+r}\|_2^2+2\alpha\beta\|\boldsymbol{A}^{\frac{p+q}{2}}\boldsymbol{X}\boldsymbol{B}^{\frac{p+q}{2}}\|_2^2$$
$$+\gamma_0\|\boldsymbol{A}^{\frac{p+r}{2}}\boldsymbol{X}\boldsymbol{B}^{\frac{q-r}{2}}-\sqrt{\beta}\boldsymbol{A}^{\frac{p+q}{4}}\boldsymbol{X}\boldsymbol{B}^{\frac{p+q}{4}}\|_2^2\leqslant\|\alpha\boldsymbol{A}^{p+r}\boldsymbol{X}\boldsymbol{B}^{q-r}+\beta\boldsymbol{A}^{q-r}\boldsymbol{X}\boldsymbol{B}^{p+r}\|_2^2$$

和

$$K(\sqrt{h},2)^{-r'}\beta^{2\beta}\|A^{p}XB^{q}\|_2^2+\beta^2\|A^{p+r}XB^{q-r}-A^{q-r}XB^{p+r}\|_2^2+2\alpha\beta\|A^{\frac{p+q}{2}}XB^{\frac{p+q}{2}}\|_2^2$$
$$+s_0\|A^{\frac{p+r}{2}}XB^{\frac{q-r}{2}}-\sqrt{\beta}A^{\frac{p+q}{4}}XB^{\frac{p+q}{4}}\|_2^2\geqslant\|\alpha A^{p+r}XB^{q-r}+\beta A^{q-r}XB^{p+r}\|_2^2$$

成立，其中，$h=\left(\frac{\|B\|_2}{\|A\|_2}\right)^{p-q+2r}$，$\gamma_0=\min\{2\beta,1-2\beta\}$，$s_0=\max\{2\beta,1-2\beta\}$ 和 $r'==\min\{2\gamma_0,1-2\gamma_0\}$.

证明： 因为矩阵 $\boldsymbol{A},\boldsymbol{B}$ 为半正定矩阵，所以由矩阵的谱分解可知，存在两个酉矩阵 $\boldsymbol{U},\boldsymbol{V}\in\mathbb{M}_n$，使得 $\boldsymbol{A}=\boldsymbol{U\Lambda U}^*$ 及 $\boldsymbol{B}=\boldsymbol{V\Gamma V}^*$，其中，$\boldsymbol{\Lambda}=\mathrm{diag}(\lambda_1,\lambda_2,\cdots,\lambda_n)$，$\boldsymbol{\Gamma}=\mathrm{diag}(\mu_1,\mu_2,\cdots,\mu_n)$，$\lambda_j,\mu_j(j=1,2,\cdots,n)$ 分别是矩阵 $\boldsymbol{A},\boldsymbol{B}$ 的特征值.

设 $\boldsymbol{Y}=\boldsymbol{U}^*\boldsymbol{XV}=[y_{ij}]$，则有如下一系列等量关系

$$A^{\frac{p+q}{2}}XB^{\frac{p+q}{2}}=U[(\lambda_i^{\frac{p+q}{2}}\mu_j^{\frac{p+q}{2}})y_{ij}]V^*,$$
$$A^{p+r}XB^{q-r}-A^{q-r}XB^{p+r}=U[(\lambda_i^{p+r}\mu_j^{q-r}-\lambda_i^{q-r}\mu_j^{p+r})y_{ij}]V^*,$$
$$A^{\frac{p+r}{2}}XB^{\frac{q-r}{2}}-\sqrt{\beta}A^{\frac{p+q}{4}}XB^{\frac{p+q}{4}}=U[(\lambda_i^{\frac{p+r}{2}}\mu_j^{\frac{q-r}{2}}-\sqrt{\beta}\lambda_i^{\frac{p+q}{4}}\mu_j^{\frac{p+q}{4}})y_{ij}]V^*.$$

由上述的式子及定理 6.2.8，有

$$K(\sqrt{h},2)^{r'}\beta^{2\beta}\|A^{p}XB^{q}\|_2^2+\beta^2\|A^{p+r}XB^{q-r}-A^{q-r}XB^{p+r}\|_2^2+2\alpha\beta\|A^{\frac{p+q}{2}}XB^{\frac{p+q}{2}}\|_2^2$$
$$+\gamma_0\|A^{\frac{p+r}{2}}XB^{\frac{q-r}{2}}-\sqrt{\beta}A^{\frac{p+q}{4}}XB^{\frac{p+q}{4}}\|_2^2$$
$$=K(\sqrt{h},2)^{r'}\beta^{2\beta}\sum_{i,j=1}^{n}(\lambda_i^{2p}\mu_j^{2q})|y_{ij}|^2+\beta^2\sum_{i,j=1}^{n}(\lambda_i^{p+r}\mu_j^{q-r}-\lambda_i^{q-r}\mu_j^{p+r})^2|y_{ij}|^2$$
$$+2\alpha\beta\sum_{i,j=1}^{n}(\lambda_i^{\frac{p+q}{2}}\mu_j^{\frac{q+q}{2}})^2|y_{ij}|^2+\gamma_0\sum_{i,j-1}^{n}(\lambda_i^{\frac{p+r}{2}}\mu_j^{\frac{q-r}{2}}-\sqrt{\beta}\lambda_i^{\frac{p+q}{4}}\mu_j^{\frac{p+q}{4}})^2|y_{ij}|^2$$
$$\leqslant\sum_{i,j=1}^{n}(\alpha^2\lambda_i^{p+r}\mu_j^{q-r}+\beta^2\lambda_i^{q-r}\mu_j^{p+r})|y_{ij}|^2+2\alpha\beta\sum_{i,j=1}^{n}(\lambda_i^{\frac{p+q}{2}}\mu_j^{\frac{p+q}{2}})^2|y_{ij}|^2$$
$$=\sum_{i,j=1}^{n}(\alpha\lambda_i^{p+r}\mu_j^{q-r}+\beta\lambda_i^{q-r}\mu_j^{p+r})^2|y_{ij}|^2$$
$$=\|\alpha A^{p+r}XB^{q-r}+\beta A^{q-r}XB^{p+r}\|_2^2.$$

定理 6.4.9 设 $\boldsymbol{A},\boldsymbol{B},\boldsymbol{X}\in M_n$，且 $\boldsymbol{A},\boldsymbol{B}$ 为半正定矩阵，$p\geqslant q\geqslant r\geqslant 0$，则有

$$
\begin{aligned}
&K(\sqrt{h},2)^{r'}\|\boldsymbol{A}^p\boldsymbol{X}\boldsymbol{B}^q+\boldsymbol{A}^q\boldsymbol{X}\boldsymbol{B}^p\|_2^2+2\beta\|\boldsymbol{A}^{p+r}\boldsymbol{X}\boldsymbol{B}^{q-r}-\boldsymbol{A}^{q-r}\boldsymbol{X}\boldsymbol{B}^{p+r})^2\\
&+\gamma_0(\|\boldsymbol{A}^{p+r}\boldsymbol{X}\boldsymbol{B}^{q-r}-\boldsymbol{A}^{\frac{p+q}{2}}\boldsymbol{X}\boldsymbol{B}^{\frac{p+q}{2}}\|_2^2+\|\boldsymbol{A}^{q-r}\boldsymbol{X}\boldsymbol{B}^{p+r}-\boldsymbol{A}^{\frac{p+q}{2}}\boldsymbol{X}\boldsymbol{B}^{\frac{p+q}{2}}\|_2^2)\\
&-(K(\sqrt{h},2)^{r'}-1)\|\boldsymbol{A}^{\frac{p+q}{2}}\boldsymbol{X}\boldsymbol{B}^{\frac{p+q}{2}}\|_2^2\\
\leqslant&\|\boldsymbol{A}^{p+r}\boldsymbol{X}\boldsymbol{B}^{q-r}+\boldsymbol{A}^{q-r}\boldsymbol{X}\boldsymbol{B}b^{p+r}\|_2^2
\end{aligned}
$$

和

$$
\begin{aligned}
&K(\sqrt{h},2)^{-r'}\|\boldsymbol{A}^p\boldsymbol{X}\boldsymbol{B}^q+\boldsymbol{A}^q\boldsymbol{X}\boldsymbol{B}^p\|_2^2+2\beta\|\boldsymbol{A}^{p+r}\boldsymbol{X}\boldsymbol{B}^{q-r}-\boldsymbol{A}^{q-r}\boldsymbol{X}\boldsymbol{B}^{p+r})^2\\
&+s_0(\|\boldsymbol{A}^{p+r}\boldsymbol{X}\boldsymbol{B}^{q-r}-\boldsymbol{A}^{\frac{p+q}{2}}\boldsymbol{X}\boldsymbol{B}^{\frac{p+q}{2}}\|_2^2+\|\boldsymbol{A}^{q-r}\boldsymbol{X}\boldsymbol{B}^{p+r}-\boldsymbol{A}^{\frac{p+q}{2}}\boldsymbol{X}\boldsymbol{B}^{\frac{p+q}{2}}\|_2^2)\\
&-(K(\sqrt{h},2)^{-r'}-1)\|\boldsymbol{A}^{\frac{p+q}{2}}\boldsymbol{X}\boldsymbol{B}^{\frac{p+q}{2}}\|_2^2\\
\geqslant&\|\boldsymbol{A}^{p+r}\boldsymbol{X}\boldsymbol{B}^{q-r}+\boldsymbol{A}^{q-r}\boldsymbol{X}\boldsymbol{B}b^{p+r}\|_2^2
\end{aligned}
$$

成立，其中，$h=\left(\dfrac{\|\boldsymbol{B}\|_2}{\|\boldsymbol{A}\|_2}\right)^{p-q+2r}$，$\gamma_0=\min\{2\beta,1-2\beta\}$，$s_0=\max\{2\beta,1-2\beta\}$和 $r'==\min\{2\gamma_0,1-2\gamma_0\}$.

6.1.5 酉不变范数下矩阵形式的 Young 及其逆不等式

在 6.1.4 节中，我们讨论并得到了一系列 Hilbert-Schmidt 范数下的 Young 及其逆不等式的矩阵形式，现在讨论一般酉不变范数下的 Heinz 均值算子与 Heron 均值算子之间的不等关系式.

首先给出如下关于连续凸函数的一个性质.

定理 6.5.1 设函数 f 是定义在区间 $[a,b]$ 上的实值凸函数，则对于任意的 $(x_1,x_2)\subset[a,b]$，若 $x_1\leqslant x\leqslant x_2$，则有如下不等式成立：

$$
f(x)\leqslant\frac{f(x_2)-f(x_1)}{x_2-x_1}x-\frac{x_1f(x_2)-x_2f(x_1)}{x_2-x_1}.
$$

基于上述连续实值凸函数的性质，有下面的结论.

定理 6.5.2 设 $\boldsymbol{A},\boldsymbol{B},\boldsymbol{X}\in M_n$，且 $\boldsymbol{A},\boldsymbol{B}$ 为半正定矩阵，则对任意的酉不变范数 $\|\cdot\|_u$，有

$$
\|\boldsymbol{A}^u\boldsymbol{X}\boldsymbol{B}^{2-u}+\boldsymbol{A}^{2-u}\boldsymbol{X}\boldsymbol{B}^u\|_u\leqslant(4r_0-1)2\|\boldsymbol{A}\boldsymbol{X}\boldsymbol{B}\|_u
$$

$$+4(1-2r_0)\left\|(1-\alpha)AXB+\alpha\left(\frac{A^2X+XB^2}{2}\right)\right\|_u,$$

其中，$\frac{1}{2}\leqslant u\leqslant\frac{3}{2}$，$r_0=\min\left[\frac{u}{2},1-\frac{u}{2}\right]$和$\alpha\in\left[\frac{1}{2},\infty\right)$.

证明：当$\frac{1}{2}\leqslant u\leqslant 1$时，由函数$g(u)$的凸性以及上述定理 6.5.1，可得

$$g(u)\leqslant\frac{g(1)-g\left(\frac{1}{2}\right)}{\frac{1}{2}}u-\frac{\frac{1}{2}g(1)-g\left(\frac{1}{2}\right)}{\frac{1}{2}},$$

也即

$$g(u)\leqslant 2(1-u)g\left(\frac{1}{2}\right)+(2u-1)g(1). \tag{6.70}$$

由式（6.16）和式（6.70），得

$$\|A^uXB^{2-u}+A^{2-u}XB^u\|_u\leqslant 4(1-u)\left\|(1-\alpha)AXB+\alpha\left(\frac{A^2X+XB^2}{2}\right)\right\|_u+2(2u-1)\|AXB\|_u.$$

即

$$\|A^uXB^{2-u}+A^{2-u}XB^n\|_u\leqslant 2(4r_0-1)\|AXB\|_u$$
$$+4(1-2r_0)\left\|(1-\alpha)AXB+\alpha\left(\frac{A^2X+XB^2}{2}\right)\right\|_u.$$

当$1\leqslant u\leqslant\frac{3}{2}$时，由函数$g(u)$的凸性及上述定理 6.5.1，可得

$$g(u)\leqslant\frac{g\left(\frac{3}{2}\right)-g(1)}{\frac{1}{2}}u-\frac{g\left(\frac{3}{2}\right)-\frac{3}{2}g(1)}{\frac{1}{2}},$$

也即

$$g(u)\leqslant(3-2u)g(1)+2(u-1)g\left(\frac{3}{2}\right). \tag{6.71}$$

由式（6.16）和式（6.71），得

$$\| A^u XB^{2-u} + A^{2-u} XB^u \|_u \leqslant 2(3-2u)\| AXB\|_u + 4(u-1)\left\|(1-\alpha)AXB + \alpha\left(\frac{A^2X+XB^2}{2}\right)\right\|_u ,$$

即

$$\| A^u XB^{2-u} + A^{2-u} XB^u \|_u \leqslant 2(4r_0-1)\| AXB\|_u$$
$$+4(1-2r_0)\left\|(1-\alpha)AXB + \alpha\left(\frac{A^2X+XB^2}{2}\right)\right\|_u .$$

综上所述，鉴于积分的可加性，对于$\frac{1}{2}\leqslant u\leqslant\frac{3}{2}$，$r_0=\min\left[\frac{u}{2},1-\frac{u}{2}\right]$和$\alpha\in\left[\frac{1}{2},\infty\right)$，有下列不等式成立：

$$\| A^u XB^{2-u} + A^{2-u} XB^u \|_u \leqslant 2(4r_0-1)\| AXB\|_u$$
$$+4(1-2r_0)\left\|(1-\alpha)AXB + \alpha\left(\frac{A^2X+XB^2}{2}\right)\right\|_u .$$

注解 6.5.1 通过对上述两个不等式的上界进行简单的计算，很显然有

$$\left\|(1-\alpha)AXB + \alpha\left(\frac{A^2X+XB^2}{2}\right)\right\|_u$$
$$-(4r_0-1)\| AXB\|_u - 2(1-2r_0)\left\|(1-\alpha)AXB + \alpha\left(\frac{A^2X+XB^2}{2}\right)\right\|_u$$
$$=(4r_0-1)\left\|(1-\alpha)AXB + \alpha\left(\frac{A^2X+XB^2}{2}\right)\right\|_u -(4r_0-1)\| AXB\|_u$$
$$=(4r_0-1)\left(\left\|(1-\alpha)AXB + \alpha\left(\frac{A^2X+XB^2}{2}\right)\right\|_u -\| AXB\|_n\right)$$
$$>0.$$

因此，得到的上述关于 Heinz 均值算子与 Heron 均值算子的不等式是式（6.16）的一种改进形式.

定理 6.5.3 设 $A,B,X\in M_n$，且 A,B 为半正定矩阵，则对任意的酉不变范数$\|\cdot\|$，有

$$2\|AXB\|_u+2\left(\int_{\frac{1}{2}}^{\frac{3}{2}}\|A^uXB^{2-u}+A^{2-u}XB^u\|_u\mathrm{d}u-2\|AXB\|_u\right)$$

$$\leqslant\left\|(1-\alpha)AXB+\alpha\left(\frac{A^2X+XB^2}{2}\right)\right\|_u,$$

其中，$\frac{1}{2}\leqslant u\leqslant\frac{3}{2}$，$r_0=\min\left[\frac{u}{2},1-\frac{u}{2}\right]$和$\alpha\in\left[\frac{1}{2},\infty\right)$.

证明：我们分两种情况对其进行证明.

当$\frac{1}{2}\leqslant u\leqslant 1$时，由定理 6.5.2 可得

$$\|A^uXB^{2-u}+A^{2-u}XB^u\|_u\leqslant 4(1-u)\left\|(1-\alpha)AXB+\alpha\left(\frac{A^2X+XB^2}{2}\right)\right\|_u+2(2u-1)\|AXB\|_u.$$

对上式两边同时积分，得

$$\int_{\frac{1}{2}}^{1}\|A^uXB^{2-u}+A^{2-u}XB^u\|_u\mathrm{d}u$$

$$\leqslant 4\left\|(1-\alpha)AXB+\alpha\left(\frac{A^2X+XB^2}{2}\right)\right\|_u\int_{\frac{1}{2}}^{1}(1-u)\mathrm{d}u+2\|AXB\|_u\int_{\frac{1}{2}}^{1}(2u-1)\mathrm{d}u$$

$$=\frac{1}{2}\left\|(1-\alpha)AXB+\alpha\left(\frac{A^2X+XB^2}{2}\right)\right\|_u+\frac{1}{2}\|AXB\|_u.$$

当$1\leqslant u\leqslant\frac{3}{2}$时，由定理 6.5.2 可得

$$\|A^uXB^{2-u}+A^{2-u}XB^u\|_u\leqslant 2(3-2u)\|AXB\|_u+4(u-1)\left\|(1-\alpha)AXB+\alpha\left(\frac{A^2X+XB^2}{2}\right)\right\|_u.$$

类似地，两边同时积分，得

$$\int_{1}^{\frac{3}{2}}\|A^uXB^{2-u}+A^{2-u}XB^u\|_u\mathrm{d}u$$

$$\leqslant 2\|AXB\|_u\int_{1}^{\frac{3}{2}}(3-2u)\mathrm{d}u+4\left\|(1-\alpha)AXB+\alpha\left(\frac{A^2X+XB^2}{2}\right)\right\|_u\int_{1}^{\frac{3}{2}}(2u-1)\mathrm{d}u$$

$$=\frac{1}{2}\left\|(1-\alpha)AXB+\alpha\left(\frac{A^2X+XB^2}{2}\right)\right\|_u+\frac{1}{2}\|AXB\|_u.$$

综上所述，鉴于积分的可加性，对于 $\frac{1}{2}\leqslant u\leqslant\frac{3}{2}$，$r_0=\min\left[\frac{u}{2},1-\frac{u}{2}\right]$和$\alpha\in\left[\frac{1}{2},\infty\right)$，有下列不等式成立：

$$\int_{\frac{1}{2}}^{\frac{3}{2}}\|\boldsymbol{A}^u\boldsymbol{X}\boldsymbol{B}^{2-u}+\boldsymbol{A}^{2-u}\boldsymbol{X}\boldsymbol{B}^n\|_u\mathrm{d}u\leqslant\left\|(1-\alpha)\boldsymbol{A}\boldsymbol{X}\boldsymbol{B}+\alpha\left(\frac{\boldsymbol{A}^2\boldsymbol{X}+\boldsymbol{X}\boldsymbol{B}^2}{2}\right)\right\|_u+\|\boldsymbol{A}\boldsymbol{X}\boldsymbol{B}\|_u,$$

即

$$2\|\boldsymbol{A}\boldsymbol{X}\boldsymbol{B}\|_u+2\left(\int_{\frac{1}{2}}^{\frac{3}{2}}\|\boldsymbol{A}^u\boldsymbol{X}\boldsymbol{B}^{2-u}+\boldsymbol{A}^{2-u}\boldsymbol{X}\boldsymbol{B}^u\|_u\mathrm{d}u-2\|\boldsymbol{A}\boldsymbol{X}\boldsymbol{B}\|_u\right)$$
$$\leqslant 2\left\|(1-\alpha)\boldsymbol{A}\boldsymbol{X}\boldsymbol{B}+\alpha\left(\frac{\boldsymbol{A}^2\boldsymbol{X}+\boldsymbol{X}\boldsymbol{B}^2}{2}\right)\right\|_u.$$

注解 6.5.2 很显然有

$$\int_{\frac{1}{2}}^{\frac{3}{2}}\|\boldsymbol{A}^u\boldsymbol{X}\boldsymbol{B}^{2-u}+\boldsymbol{A}^{2-u}\boldsymbol{X}\boldsymbol{B}^n\|_u\mathrm{d}u-2\|\boldsymbol{A}\boldsymbol{X}\boldsymbol{B}\|_u\geqslant 0.$$

从而上述结论是式（6.38）的一种改进.

特别地，在定理 6.5.2 和定理 6.5.3 中，分别令 $\alpha=\frac{2}{t+2}(-2<t\leqslant 2)$，则有如下几个结论.

定理 6.5.4 设 $\boldsymbol{A},\boldsymbol{B},\boldsymbol{X}\in M_n$，且 $\boldsymbol{A},\boldsymbol{B}$ 为半正定矩阵，则对任意的酉不变范数$\|\cdot\|$，有

$$\|\boldsymbol{A}^u\boldsymbol{X}\boldsymbol{B}^{2-u}+\boldsymbol{A}^{2-u}\boldsymbol{X}\boldsymbol{B}^u\|_u\leqslant 2(4r_0-1)\|\boldsymbol{A}\boldsymbol{X}\boldsymbol{B}\|_u+\frac{4(1-2r_0)}{t+2}\|\boldsymbol{A}^2\boldsymbol{X}+t\boldsymbol{A}\boldsymbol{X}\boldsymbol{B}+\boldsymbol{X}\boldsymbol{B}^2\|_u$$

其中，$\frac{1}{2}\leqslant u\leqslant\frac{3}{2}$，$r_0=\min\left[\frac{u}{2},1-\frac{u}{2}\right]$和$-2<t\leqslant 2$.

定理 6.5.5 设 $\boldsymbol{A},\boldsymbol{B},\boldsymbol{X}\in M_n$，且 $\boldsymbol{A},\boldsymbol{B}$ 为半正定矩阵，则对任意的酉不变范数$\|\cdot\|$，有

$$2\|\boldsymbol{A}\boldsymbol{X}\boldsymbol{B}\|_u+2\left(\int_{\frac{1}{2}}^{\frac{3}{2}}\|\boldsymbol{A}^u\boldsymbol{X}\boldsymbol{B}^{2-u}+\boldsymbol{A}^{2-u}\boldsymbol{X}\boldsymbol{B}^u\|_u\mathrm{d}u-2\|\boldsymbol{A}\boldsymbol{X}\boldsymbol{B}\|_u\right)$$
$$\leqslant\frac{2}{t+2}\|\boldsymbol{A}^2\boldsymbol{X}+t\boldsymbol{A}\boldsymbol{X}\boldsymbol{B}+\boldsymbol{X}\boldsymbol{B}^2\|_u,$$

其中，$\frac{1}{2}\leqslant u\leqslant\frac{3}{2}$，$r_0=\min\left[\frac{u}{2},1-\frac{u}{2}\right]$和$-2<t\leqslant 2$.

6.1.6　本节小结

本节主要研究了多参数形式的 Young 型及其逆不等式. 在 6.1.2 节中，得到了经典的 Young 型及其逆以及具有 Kantorovich 比率的 Young 型及其逆的标量不等式的一系列改进. 在 6.1.3 节中，利用算子函数的单调性原理，对$v\notin(0,1)$上的 Young 型及其逆不等式进行了研究，并且引入一些记号，得到了一系列算子形式的准 Young 型及其逆的算子不等式，其中包括了一些几何-算术均值算子之差与 Heinz 均值算子之间的一些算子不等式. 在 6.1.4 节中，利用 6.1.2 和 6.1.3 节中得到的（具有 Kantorovich 常数）Young 型及其逆标量不等式的改进结果，构建了 Hilbert-Schmidt 范数下的矩阵形式的（具有 Kantorovich 常数）Young 型及其逆不等式. 在 6.1.5 节中，研究了一般的酉不变范数下的矩阵形式的 Heinz 型均值算子与 Heron 型均值算子之间的不等关系式. 这些结果或优于现有的结果，或推广了现有文献的一些结果. 虽然我们取得了一些显著成果，但因自身理论知识的不足，仅仅局限于一些特殊的算子不等式以及有限维的矩阵形式的算子不等式的研究，对非交换L_p空间内算子的不等关系以及其他一般的代数空间算子的研究还处在探究阶段，有待进一步研究.

6.2　Hermite-Hadamard 型的积分算子不等式

本节主要研究 Hermite-Hadamard 型的积分算子不等式. 其技巧主要是利用直角坐标系中s-凸函数相关的性质. 本节安排如下：6.2.1 节主要给出函数凹凸性相关的概念与性质. 在 6.2.2 节中，研究二维直角坐标系中s-凸函数型的 Hermite-Hadamard 积分算子不等式. 最后是本节小结.

6.2.1 引言

作为本节的开始，首先给出凹凸函数的相关概念与知识.

定义 6.6.1[49] 设函数 $f:I\subseteq\mathbb{R}\to\mathbb{R}$，如果对于任意的 $x,y\in I$ 和 $\lambda\in[0,1]$，有 $f[\lambda x+(1-\lambda)y]\leqslant\lambda f(x)+(1-\lambda)f(y)$ 成立，则称 f 为凸函数.

定义 6.6.2[53] 设函数 $f:[a,b]\to\mathbb{R}$，如果对于任意的 $x,y\in[a,b]$ 和 $\lambda\in[0,1]$，有 $f[\lambda x+(1-\lambda)y]\leqslant\max\{f(x),f(y)\}$ 成立，则称 f 为准凸函数.

我们很容易观察到每一个凸函数都是准凸函数，但是反之一般是不成立的.

定理 6.6.1[51] 定义在区间 (a,b) 上的连续函数 f 称为凸函数，当且仅当下述不等式成立：

$$f(x)\leqslant\frac{1}{2h}\int_{x-h}^{x+h}f(t)\mathrm{d}t,$$

其中，$a\leqslant x-h<x+h\leqslant b$.

设函数 f 是定义在区间 I 上的连续函数，对任意 $x\in I_1(h)=\{t:t-h,t+h\in I\},h>0$. 算子 S_h 定义如下：

$$S_h(f,x)=\frac{1}{2h}\int_{x-h}^{x+h}f(t)\mathrm{d}t,$$

它是自 $C(I)$ 映射到 $C(I_1)$ 上的一个算子映射，但通常称算子 S_h 为 Steklov 函数.

迭代的 S_h 算子 $S_h^n(n\in N)$ 定义如下

$$S_h^0(f,x)=f(x),S_h^n(f,x)=\frac{1}{2h}\int_{x-h}^{x+h}S_h^{n-1}(f,x)\mathrm{d}t,$$

其中，步长 $h>0$，$x\in I_n(h)=\{t:t-nh,t+nh\in I\},n\in N$.

下面两个定理则是上述定理的推广形式：

定理 6.6.2[51] 定义在区间 I 上的连续函数 f 称为凸函数，是指对任意的 $h>0$，$x\in I_n(h)=\{t:t-nh,t+nh\in I\}$ 以及固定的某一个 $n\in N$，下面的不等式成立：

$$f(x)\leqslant S_h^n(f,x).$$

定理 6.6.3[51] 定义在区间 I 上的连续函数 f 称为凸函数，是指对任意

的 $h>0$，$x\in I_n(h)=\{t:t-nh,t+nh\in I\}$ 以及固定的某一个 $n\in N$，下面的不等式成立

$$S_h^{n-1}(f,x)\leqslant S_h^n(f,x).$$

定义 6.6.3[57]　考虑二元区间 $\Delta:=[a,b]\times[c,d]\subset\mathbb{R}^2$，其中，$a<b,c<d$. 如果对于任意的 $x\in[a,b],y\in[c,d]$，函数 $f:\Delta\to\mathbb{R}$ 的偏序关系都存在，并且满足偏序函数 $f_y:[a,b]\to\mathbb{R},f_y(u):=f(u,y)$ 与偏序函数 $f_x:[c,d]\to\mathbb{R},f_x(v):=f(x,v)$ 都是凸函数，则称函数 f 是依坐标凸函数.

对于上述定义在区间 Δ 上的函数 f，如果对任意的 $(x,y),(z,w)\in\Delta$ 和 $\lambda\in[0,1]$，有 $f(\lambda x+(1-\lambda)z,\lambda y+(1-\lambda)w)\leqslant\lambda f(x,y)+(1-\lambda)f(z,w)$ 成立，则称 f 为凸函数.

在这里我们注意到，任意一个凸映射 $f:\Delta\to\mathbb{R}$ 都是依坐标凸的，但是一般反之是不成立的. 在这里我们给出一个反例来说明.

例 6.6.1[57]　考虑函数 $f:[0,1]\times[0,1]\to[0,\infty),f(x,y)=xy$，很显然函数 f 是依坐标凸的，但不是 $[0,1]\times[0,1]$ 上的凸函数. 事实上，若 $(u,0),(0,w)\in[0,1]\times[0,1]$ 和 $\lambda\in[0,1]$，有

$$f(\lambda(u,0)+(1-\lambda)(0,w))=f(\lambda u,(1-\lambda)w)=\lambda(1-\lambda)uw$$

和

$$\lambda f(u,0)+(1-\lambda)f(0,w)=0,$$

因此，对任意的 $\lambda\in(0,1),u,w\in(0,1)$，有

$$f[\lambda(u,0)+(1-\lambda)(0,w)]>\lambda f(u,0)+(1-\lambda)f(0,w).$$

定义 6.6.4[57]　设函数 $f:\mathbb{R}^+\to\mathbb{R}$，对任意的 $x,y\in[0,\infty)$，若满足如下不等关系：$f(\alpha x+\beta y)\leqslant\alpha^s f(x)+\beta^s f(y)$，其中，$\alpha,\beta\geqslant 0$ 且 $\alpha^s+\beta^s=1$ 以及任一固定的实数 $s\in(0,1]$，此时则称函数 f 是第一意义下的实值 s-凸函数，我们记这一类函数的集合为 K_s^1；若满足如下不等关系：$f(\alpha x+\beta y)\leqslant\alpha^s f(x)+\beta^s f(y)$，其中，$\alpha,\beta\geqslant 0$ 且 $\alpha+\beta=1$ 以及任一固定的实数 $s\in(0,1]$，此时则称函数 f 是第二意义下的实值 s-凸函数，我们记这一类函数的集合为 K_s^2.

在本节的讨论中，若无特别说明，提到的 s-凸函数统指第一意义和第二意义下的 s-凸函数，我们记为 K_s.

6.2.2 二维直角坐标系中 s–凸函数型的 Hermite-Hadamard 积分算子不等式

本节主要研究二维直角坐标系中 s–凸函数型的 Hermite-Hadamard 算子不等式. 首先，给出二维直角坐标系中 s–凸函数的一个双参数性质，有如下定理.

定理 6.7.1 设函数 $f:\Delta:=[a,b]\times[c,d]\subseteq[0,\infty)^2\to\mathbb{R}$，其中 $a<b,c<d$，如果函数 f 在直角坐标系内是 s–凸函数，则对任意的 $(x,y),(u,v)\in\Delta,\lambda,t\in[0,1]$ 以及某一固定的参数 $s\in(0,1]$，有如下不等式成立

$$f(\lambda x+(1-\lambda)u,ty+(1-t)v)\leqslant\lambda^s t^s f(x,y)+\lambda^s(1-t)^s f(x,v)$$
$$+(1-\lambda)^s t^s f(u,y)+(1-\lambda)^s(1-t)^s f(u,v). \quad (6.72)$$

证明： 一方面，由于函数 $f:\Delta\to\mathbb{R}$ 在直角坐标系内是 s–凸函数，因此对任意的 $z\in[c,d]$，映射 $g_y:[a,b]\to[0,\infty),g_y(x)=f(x,z)$ 是定义在区间 $[a,b]$ 上的 s-凸函数. 也即对任意的 $\forall z\in[c,d],\lambda\in[0,1]$，有

$$g_y(\lambda x+(1-\lambda)u)\leqslant\lambda^s g_y(x)+(1-\lambda)^s g_y(u),$$

即

$$f(\lambda x+(1-\lambda)u,z)\leqslant\lambda^s f(x,z)+(1-\lambda)^s f(u,z).$$

令 $z=ty+(1-t)v\in[c,d]$，其中，$y,v\in[c,d]$，有

$$f(\lambda x+(1-\lambda)u,ty+(1-t)v)\leqslant\lambda^s f(x,ty+(1-t)v)+(1-\lambda)^s f(u,ty+(1-t)v).$$

另外，

$$f(x,ty+(1-t)v)=f(tx+(1-t)x,ty+(1-t)v)\leqslant t^s f(x,y)+(1-t)^s f(x,v).$$

由上述两式，得到

$$f(\lambda x+(1-\lambda)u,ty+(1-t)v)\leqslant\lambda^s t^s f(x,y)+\lambda^s(1-t)^s f(x,v)$$
$$+(1-\lambda)^s t^s f(u,y)+(1-\lambda)^s(1-t)^s f(u,v).$$

接下来，利用上述给出的二维直角坐标系中 s–凸函数的双参数性质 (3.1)，给出二维直角坐标系中 s–凸函数型的 Hermite-Hadamard 型的双数积分算子不等式.

定理 6.7.2 设函数 $f:\Delta:=[a,b]\times[c,d]\subseteq[0,\infty)^2\to\mathbb{R}$，其中，$a<b$，$c<d$，如果函数 f 在直角坐标系内是 s–凸函数，则对任意的 $\lambda,t\in[0,1]$ 以及某一固

定的参数 $s\in(0,1]$，有如下不等式成立：

$$
\begin{aligned}
&\left(\frac{4}{\kappa(\lambda,t)}\right)^{s-1} f\left(\frac{a+b}{2},\frac{c+d}{2}\right)\\
&\leqslant l(s,\lambda,t)\\
&\leqslant \frac{1}{(b-a)(d-c)}\int_a^b\int_c^d f(x,y)\mathrm{d}y\mathrm{d}x\\
&\leqslant L(s,\lambda,t)\\
&\leqslant \frac{1}{(s+1)^2}[(t\lambda+(1-\lambda)^s(1-t)^s+\lambda(1-t)^s+t(1-\lambda)^s)f(a,c)\\
&+(\lambda(1-t)+(1-\lambda)^s t^s+\lambda t^s+(1-t)(1-\lambda)^s)f(a,d)\\
&+(t(1-\lambda)+\lambda^s(1-t)^s+(1-\lambda)(1-t)^s+t\lambda^s)f(b,c)\\
&+((1-t)(1-\lambda)+\lambda^s t^s+(1-\lambda)t^s+(1-t)\lambda^s)f(b,d)],
\end{aligned}
\tag{6.73}
$$

其中，$\kappa(\lambda,t)=\min\{\lambda,1-\lambda\}\cdot\min\{t,1-t\}$，

$$
\begin{aligned}
l(s,\lambda,t)=4^{s-1}\Bigg[&t\lambda f\left(\frac{(2-\lambda)a+\lambda b}{2},\frac{(2-t)c+td}{2}\right)\\
&+\lambda(1-t)f\left(\frac{(1-\lambda)a+(1+\lambda)b}{2},\frac{(2-t)c+td}{2}\right)\\
&+t(1-\lambda)f\left(\frac{(2-\lambda)a+\lambda b}{2},\frac{(1-t)c+(1+t)d}{2}\right)\\
&+(1-\lambda)(1-t)f\left(\frac{(1-\lambda)a+(1+\lambda)b}{2},\frac{(1-t)c+(1+t)d}{2}\right)\Bigg]
\end{aligned}
$$

和

$$
\begin{aligned}
L(s,\lambda,t)=\frac{1}{(s+1)^2}[&t\lambda f(a,c)+\lambda(1-t)f(a,d)+t(1-\lambda)f(b,c)\\
&+(1-\lambda)(1-t)f(b,d)+f((1-\lambda)a+\lambda b,(1-t)c+td)\\
&+\lambda f(a,(1-t)c+td)+(1-\lambda)f(b,(1-t)c+td)\\
&+tf((1-\lambda)a+\lambda b,c)+(1-t)f((1-\lambda)a+\lambda b,d)].
\end{aligned}
$$

证明：对任意的 $\lambda,t\in[0,1]$，记 $\Delta=[a,b]\times[c,d]=\Delta_1\cup\Delta_2\cup\Delta_3\cup\Delta_4$，其中，

$$
\Delta_1=[a,(1-\lambda)a+\lambda b]\times[c,(1-t)c+td],
$$
$$
\Delta_2=[a,(1-\lambda)a+\lambda b]\times[(1-t)c+td,d],
$$

$$\Delta_3=[(1-\lambda)a+\lambda b,b]\times[c,(1-t)c+td],$$
$$\Delta_4=[(1-\lambda)a+\lambda b,b]\times[(1-t)c+td,d].$$

对 $\Delta_1,\Delta_2,\Delta_3,\Delta_4$ 分别应用式（1.21），得到如下不等式

$$\begin{aligned}&4^{s-1}f\left(\frac{(2-\lambda)a+\lambda b}{2},\frac{(2-t)c+td}{2}\right)\\&\leqslant\frac{1}{\lambda t(b-a)(d-c)}\int_a^{(1-\lambda)a+\lambda b}\int_c^{(1-t)c+td}f(x,y)\mathrm{d}y\mathrm{d}x\\&\leqslant\frac{1}{(s+1)^2}[f(a,c)+f(a,(1-t)c+td)+\\&\quad f((1-\lambda)a+\lambda b,c)+f((1-\lambda)a+\lambda b,(1-t)c+td)],\end{aligned}\tag{6.74}$$

$$\begin{aligned}&4^{s-1}f\left(\frac{(2-\lambda)a+\lambda b}{2},\frac{(1-t)c+(1+t)d}{2}\right)\\&\leqslant\frac{1}{\lambda(1-t)(b-a)(d-c)}\int_a^{(1-\lambda)a+\lambda b}\int_{(1-t)c+td}^{d}f(x,y)\mathrm{d}y\mathrm{d}x\\&\leqslant\frac{1}{(s+1)^2}[f(a,(1-t)c+td)+f(a,d)+\\&\quad f((1-\lambda)a+\lambda b,(1-t)c+td)+f((1-\lambda)a+\lambda b,d)],\end{aligned}\tag{6.75}$$

$$\begin{aligned}&4^{s-1}f\left(\frac{(1-\lambda)a+(1+\lambda)b}{2},\frac{(2-t)c+td}{2}\right)\\&\leqslant\frac{1}{(1-\lambda)t(b-a)(d-c)}\int_{(1-\lambda)a+\lambda b}^{b}\int_c^{(1-t)c+td}f(x,y)\mathrm{d}y\mathrm{d}x\\&\leqslant\frac{1}{(s+1)^2}[f((1-\lambda)a+\lambda b,c)+f((1-\lambda)a+\lambda b,(1-t)c+td)+\\&\quad f(b,c)+f(b,(1-t)c+td)],\end{aligned}\tag{6.76}$$

$$\begin{aligned}&4^{s-1}f\left(\frac{(1-\lambda)a+(1+\lambda)b}{2},\frac{(1-t)c+(1+t)d}{2}\right)\\&\leqslant\frac{1}{(1-\lambda)(1-t)(b-a)(d-c)}\int_{(1-\lambda)a+\lambda b}^{b}\int_{(1-t)c+td}^{d}f(x,y)\mathrm{d}y\mathrm{d}x\\&\leqslant\frac{1}{(s+l)^2}[f((1-\lambda)a+\lambda b,d)+f((1-\lambda)a+\lambda b,(1-t)c+td)+\\&\quad f(b,(1-t)c+td)+f(b,d)].\end{aligned}\tag{6.77}$$

将上述 4 个式子，式（6.74）～式（6.77），分别乘以 λt，$\lambda(1-t)$，$(1-\lambda)t$

以及 $(1-\lambda)(1-t)$，然后相加，可以得到

$$
\begin{aligned}
&4^{s-1}\left[\lambda t f\left(\frac{(2-\lambda)a+\lambda b}{2},\frac{(2-t)c+td}{2}\right)\right.\\
&+\lambda(1-t)f\left(\frac{(2-\lambda)a+\lambda b}{2},\frac{(1-t)c+(1+t)d}{2}\right)\\
&+(1-\lambda)tf\left(\frac{(1-\lambda)a+(1+\lambda)b}{2},\frac{(2-t)c+td}{2}\right)\\
&+(1-\lambda)(1-t)f\left(\frac{(1-\lambda)a+(1+\lambda)b}{2},\frac{(1-t)c+(1+t)d}{2}\right)\\
\leqslant&\frac{1}{(b-a)(d-c)}\int_a^b\int_c^d f(x,y)\mathrm{d}y\mathrm{d}x\\
\leqslant&\frac{t\lambda}{(s+1)^2}[f(a,c)+f(a,(1-t)c+td)\\
&+f((1-\lambda)a+\lambda b,c)+f((1-\lambda)a+\lambda b,(1-t)c+td)]\\
&+\frac{\lambda(1-t)}{(s+1)^2}[f(a,(1-t)c+td)+f(a,d)\\
&+f((1-\lambda)a+\lambda b,(1-t)c+td)+f((1-\lambda)a+\lambda b,d)]\\
&+\frac{(1-\lambda)t}{(s+1)^2}[f((1-\lambda)a+\lambda b,c)+f((1-\lambda)a+\lambda b,(1-t)c+td)\\
&+f(b,c)+f(b,(1-t)c+td)]\\
&+\frac{(1-\lambda)(1-t)}{(s+1)^2}[f((1-\lambda)a+\lambda b,d)+f((1-\lambda)a+\lambda b,(1-t)c+td)\\
&+f(b,(1-t)c+td)+f(b,d)]\\
=&\frac{1}{(s+1)^2}[t\lambda f(a,c)+\lambda(1-t)f(a,d)+t(1-\lambda)f(b,c)\\
&+(1-\lambda)(1-t)f(b,d)+f((1-\lambda)a+\lambda b,(1-t)c+td)\\
&+\lambda f(a,(1-t)c+td)+(1-\lambda)f(b,(1-t)c+td)\\
&+tf((1-\lambda)a+\lambda b,c)+(1-t)f((1-\lambda)a+\lambda b,d)]\\
=&L(s,\lambda,t).
\end{aligned}
$$

一方面，由于 $f(x,y)$ 是直角坐标系内的 s-凸函数，所以

$$
f\left(\frac{a+b}{2},\frac{c+d}{2}\right)
$$

$$= f\left(\lambda\frac{(2-\lambda)a+\lambda b}{2}+(1-\lambda)\frac{(1-\lambda)a+(1+\lambda)b}{2},\right.$$

$$\left.t\frac{(2-t)c+td}{2}+(1-t)\frac{(1-t)c+(1+t)d}{2}\right)$$

$$\leqslant \lambda^s t^s f\left(\frac{(2-\lambda)a+\lambda b}{2},\frac{(2-t)c+td}{2}\right)$$

$$+\lambda^s(1-t)^s f\left(\frac{(2-\lambda)a+\lambda b}{2},\frac{(1-t)c+(1+t)d}{2}\right)$$

$$+t^s(1-\lambda)^s f\left(\frac{(1-\lambda)a+(1+\lambda)b}{2},\frac{(2-t)c+td}{2}\right)$$

$$\left.+(1-t)^s(1-\lambda)^s f\left(\frac{(1-\lambda)a+(1+\lambda)b}{2},\frac{(1-t)c+(1+t)d}{2}\right)\right]$$

$$=\omega(s,\lambda,t).$$

现在考虑函数 $f(x)=t\left(\frac{1-t}{t}\right)^x$，其中，$x\in(0,1]$，$t$ 为 $(0,1)$ 内固定的一个数，通过求导可知，对任意的 $x\in(0,1]$，当 $t\in\left(0,\frac{1}{2}\right]$ 时，函数 $f(x)$ 是递增的，当 $t\in\left[\frac{1}{2},1\right)$ 时，函数 $f(x)$ 是递减的，因此，当 $\lambda,t\in\left(0,\frac{1}{2}\right]$ 时，

$$\omega(s,\lambda,t)=t^{s-1}\lambda^{s-1}\left[\lambda t f\left(\frac{(2-\lambda)a+\lambda b}{2},\frac{(2-t)c+td}{2}\right)\right.$$

$$+\lambda\frac{(1-t)^s}{t^{s-1}}f\left(\frac{(2-\lambda)a+\lambda b}{2},\frac{(1-t)c+(1+t)d}{2}\right)$$

$$+t\frac{(1-\lambda)^s}{\lambda^{s-1}}f\left(\frac{(1-\lambda)a+(1+\lambda)b}{2},\frac{(2-t)c+td}{2}\right)$$

$$\left.+\frac{(1-\lambda)^s}{\lambda^{s-1}}\frac{(1-t)^s}{t^{s-1}}f\left(\frac{(1-\lambda)a+(1+\lambda)b}{2},\frac{(1-t)c+(1+t)d}{2}\right)\right]$$

$$\leqslant t^{s-1}\lambda^{s-1}\left[\lambda t f\left(\frac{(2-\lambda)a+\lambda b}{2},\frac{(2-t)c+td}{2}\right)\right.$$

$$+\lambda(1-t)f\left(\frac{(2-\lambda)a+\lambda b}{2},\frac{(1-t)c+(1+t)d}{2}\right)$$

$$+t(1-\lambda)f\left(\frac{(1-\lambda)a+(1+\lambda)b}{2},\frac{(2-t)c+td}{2}\right)$$

$$+(1-\lambda)(1-t)f\left(\frac{(1-\lambda)a+(1+\lambda)b}{2},\frac{(1-t)c+(1+t)d}{2}\right)\Bigg]$$

$$=\left(\frac{\lambda t}{4}\right)^{s-1}l(s,\lambda,t).$$

通过相同的处理方法，分别得到

当 $\lambda,t\in\left[\frac{1}{2},1\right)$ 时，

$$\omega(s,\lambda,t)\leqslant\left(\frac{(1-\lambda)(1-t)}{4}\right)^{s-1}l(s,\lambda,t).$$

当 $\lambda\in\left(0,\frac{1}{2}\right],t\in\left[\frac{1}{2},1\right)$ 时，

$$\omega(s,\lambda,t)\leqslant\left(\frac{\lambda(1-t)}{4}\right)^{s-1}l(s,\lambda,t).$$

当 $\lambda\in\left[\frac{1}{2},1\right),t\in\left(0,\frac{1}{2}\right]$ 时，

$$\omega(s,\lambda,t)\leqslant\left(\frac{(1-\lambda)t}{4}\right)^{s-1}l(s,\lambda,t).$$

下面记 $\kappa(\lambda,t)=\min\{\lambda,1-\lambda\}\cdot\min\{t,1-t\}$，则有

$$\omega(s,\lambda,t)\leqslant\left(\frac{\kappa(\lambda,t)}{4}\right)^{s-1}l(s,\lambda,t).$$

另一方面，有

$$\begin{aligned}
&L(s,\lambda,t)\\
&=\frac{1}{(s+1)^2}[t\lambda f(a,c)+\lambda(1-t)f(a,d)+t(1-\lambda)f(b,c)\\
&+(1-\lambda)(1-t)f(b,d)+f((1-\lambda)a+\lambda b,(1-t)c+td)\\
&+\lambda f(a,(1-t)c+td)+(1-\lambda)f(b,(1-t)c+td)\\
&+tf((1-\lambda)a+\lambda b,c)+(1-t)f((1-\lambda)a+\lambda b,d)]\\
&\leqslant\frac{t\lambda}{(s+1)^2}f(a,c)+\frac{\lambda(1-t)}{(s+1)^2}f(a,d)+\frac{(1-\lambda)t}{(s+1)^2}f(b,c)+\frac{(1-\lambda)(1-t)}{(s+1)^2}f(b,d)
\end{aligned}$$

$$+\frac{1}{(s+1)^2}[(1-\lambda)^s(1-t)^s f(a,c)+(1-\lambda)^s t^s f(a,d)+\lambda^s(1-t)^s f(b,c)+\lambda^s t^s f(b,d)]$$

$$+\frac{\lambda}{(s+1)^2}[(1-t)^s f(a,c)+t^s f(a,d)]+\frac{1-\lambda}{(s+1)^2}[(1-t)^s f(b,c)+t^s f(b,d)]$$

$$+\frac{t}{(s+1)^2}[(1-\lambda)^s f(a,c)+\lambda^s f(b,c)]+\frac{1-t}{(s+1)^2}[(1-\lambda)^s f(a,d)+\lambda^s f(b,d)]$$

$$=\frac{1}{(s+1)^2}[(t\lambda+(1-\lambda)^s(1-t)^s+\lambda(1-t)^s+t(1-\lambda)^s)f(a,c)$$

$$+(\lambda(1-t)+(1-\lambda)^s t^s+\lambda t^s+(1-t)(1-\lambda)^s)f(a,d)$$

$$+(t(1-\lambda)+\lambda^s(1-t)^s+(1-\lambda)(1-t)^s+t\lambda^s)f(b,c)$$

$$+((1-t)(1-\lambda)+\lambda^s t^s+(1-\lambda)t^s+(1-t)\lambda^s)f(b,d)].$$

注解 6.7.1 在上述定理中，若 $s=1$，则

$$L(1,\lambda,t)$$

$$=\frac{t\lambda}{4}f(a,c)+\frac{\lambda(1-t)}{4}f(a,d)+\frac{t(1-\lambda)}{4}f(b,c)+\frac{(1-\lambda)(1-t)}{4}f(b,d)$$

$$+\frac{1}{4}f((1-\lambda)a+\lambda b,(1-t)c+td)+\frac{\lambda}{4}f(a,(1-t)c+td)$$

$$+\frac{1-\lambda}{4}f(b,(1-t)c+td)+\frac{t}{4}f((1-\lambda)a+\lambda b,c)$$

$$+\frac{1-t}{4}f((1-\lambda)a+\lambda b,d)$$

$$\leqslant\frac{f(a,c)+f(a,d)+f(b,c)+f(b,d)}{4},$$

事实上，这是文献[59]中的结论.

注解 6.7.2 进一步地，在上述定理中，若 $s=1,\lambda=t=\frac{1}{2}$，则

$$L\left(1,\frac{1}{2},\frac{1}{2}\right)$$

$$\leqslant\frac{1}{4}\left[\frac{f(a,c)+f(a,d)+f(b,c)+f(b,d)}{4}\right.$$

$$+\frac{f\left(\frac{a+b}{2},c\right)+f\left(\frac{a+b}{2},d\right)+f\left(a,\frac{c+d}{2}\right)+f\left(b,\frac{c+d}{2}\right)}{2}+f\left(\frac{a+b}{2},\frac{c+d}{2}\right)\Bigg].$$

事实上，这是文献[53]中的定理.

下面给出定理 6.7.2 的几个推论.

推论 6.7.1　设函数 $f:\Delta:=[a,b]\times[c,d]\subseteq[0,\infty)^2\to\mathbb{R}$，其中 $a<b$，$c<d$，如果函数 f 在直角坐标系内是 s-凸函数，则对任意的 $\lambda,t\in[0,1]$ 以及某一固定的参数 $s\in(0,1]$，有如下不等式成立：

$$4^{s-1}f\left(\frac{a+b}{2},\frac{c+d}{2}\right)\leqslant\sup_{0\leqslant\lambda\leqslant1,0\leqslant t\leqslant1}l(s,\lambda,t) \tag{6.78}$$

$$\leqslant\frac{1}{(b-a)(d-c)}\int_a^b\int_c^d f(x,y)\mathrm{d}y\mathrm{d}x$$

$$\leqslant\inf_{0\leqslant\lambda\leqslant1,0\leqslant t\leqslant1}L(s,\lambda,t)$$

$$\leqslant\frac{f(a,c)+f(a,d)+f(b,c)+f(b,d)}{(s+1)^2},$$

其中，$l(s,\lambda,t),L(s,\lambda,t)$，如定理 6.7.2 中的表述.

推论 6.7.2　设函数 $f:\Delta:=[a,b]\times[c,d]\subseteq[0,\infty)^2\to\mathbb{R}$，其中，$a<b$，$c<d$，如果函数 f 在直角坐标系内是 s-凸函数，则对任意的 $\lambda,t\in[0,1]$ 以及某一固定的参数 $s\in(0,1]$，有如下不等式成立：

$$4^{s-1}f\left(\frac{a+b}{2},\frac{c+d}{2}\right)\leqslant\max\left\{\sup_{0\leqslant\lambda\leqslant1,0\leqslant t\leqslant1}l(s,\lambda,t),A\right\} \tag{6.79}$$

$$\leqslant\frac{1}{(b-a)(d-c)}\int_a^b\int_c^d f(x,y)\mathrm{d}y\mathrm{d}x$$

$$\leqslant\min\left\{\inf_{0\leqslant\lambda\leqslant1,0\leqslant t\leqslant1}L(s,\lambda,t),B\right\}$$

$$\leqslant\frac{f(a,c)+f(a,d)+f(b,c)+f(b,d)}{(s+1)^2},$$

其中，$l(s,\lambda,t),L(s,\lambda,t)$，如定理 6.7.2 中的表述，且

$$A=2^{s-2}\left[\frac{1}{b-a}\int_a^b f\left(x,\frac{c+d}{2}\right)\mathrm{d}x+\frac{1}{d-c}\int_c^d f\left(\frac{a+b}{2},y\right)\mathrm{d}y\right],$$

$$B=\frac{1}{2(s+1)}\left[\frac{1}{b-a}\int_a^b[f(x,c)+f(x,d)\mathrm{d}x+\frac{1}{d-c}\int_c^d[f(a,y)+f(b,y)\mathrm{d}y\right].$$

6.2.3 本节小结

本节主要研究了 Hermite-Hadamard 型的积分算子不等式. 首先，利用 s-凸函数相关的性质导出了二维直角坐标系中 s-凸函数型的一个多参数形式的性质. 然后，借助于这个性质研究二维直角坐标系中 s-凸函数型的 Hermite-Hadamard 积分算子不等式，并给出相应的多参数 Hermite-Hadamard 积分算子不等式. 当参数设定为特殊的数值时，我们给出的 Hermite-Hadamard 积分算子不等式就变成了现有的很多相关 Hermite-Hadamard 积分算子不等式，因此，我们给出的 Hermite-Hadamard 积分算子不等式是 Hermite-Hadamard 积分算子不等式的一个推广. 但是，虽然我们的结论推广了之前一些文献的结论，但是，所用的方法还是有一点烦琐，不等式的上、下界没有原始的优美，因此进一步寻找更简洁的方法与技巧值得我们思考.

6.3 Samuelson 型的算子不等式

本节主要研究 Samuelson 型的算子不等式及其应用. 其技巧是借助统计学中样本距（绝对中心距）等相关性质. 本节安排如下：6.3.1 节主要给出统计学中与样本距等相关的知识. 在 6.3.2 节中，研究高阶距下复变量样本数据的 Samuelson 型的算子不等式；在 6.3.3 节中，运用 6.3.2 节中得到的高阶距 Samuelson 型的算子不等式，研究复数域矩阵特征值的估计与定位问题；在 6.3.4 节中，研究一类多项式特征根的估计与定位问题. 最后是本章小结.

6.3.1 引言

首先，我们给出一些统计学中样本距（绝对中心距）等相关的概念与知识. 更多的背景知识见盛骤等[221]、茆诗松[222]编著的概率论与数理统计相关图书.

定义 6.8.1[221-222]　对于离散型的随机变量 X，若分布律为

$$P\{X=x_k\}=p_k,\quad k=1,2,\cdots.$$

在级数 $\sum_{k=1}^{\infty}x_k p_k$ 绝对收敛的前提下，称级数 $\sum_{k=1}^{\infty}x_k p_k$ 的和为随机变量 X 的数学期望，记为 $E(X)$. 即

$$E(X)=\sum_{k=1}^{\infty}x_k p_k.$$

对于连续型的随机变量 X，考虑它的的密度函数 $f(x)$，在积分

$$\int_{-\infty}^{\infty}xf(x)\mathrm{d}x$$

绝对收敛的基础上，称积分 $\int_{-\infty}^{\infty}xf(x)\mathrm{d}x$ 的值为随机变量 X 的数学期望，记为 $E(X)$，即

$$E(X)=\int_{-\infty}^{\infty}xf(x)\mathrm{d}x.$$

在统计学中，有时也简称数学期望为期望或均值. 每一个随机变量 X 的概率分布确定了它相对的数学期望.

下面给出数学期望的几个重要性质：

（1）设 C 是常数，则有 $E(C)=C$.

（2）设 X 是一个随机变量，C 是常数，则有

$$E(CX)=CE(X).$$

（3）设 X,Y 是两个随机变量，则有

$$E(X+Y)=E(X)+E(Y).$$

任意有限个随机变量之和的数学期望也保持上述（3）的关系式.

（4）设 X,Y 是两个相互独立的随机变量，则有

$$E(XY)=E(X)E(Y).$$

同样，任意有限个相互独立的随机变量之积的数学期望，也保持上述性质（4）的关系式.

定义 6.8.2[221-222]　设 X 是一个随机变量，若 $E\{[X-E(X)]^2\}$ 存在，则称 $E\{[X-E(X)]^2\}$ 为 X 的方差，记为 $D(X)$ 或 $\mathrm{Var}(X)$，即

$$D(X)=\mathrm{Var}(X)=E\{[X-E(X)]^2\}.$$

随机变量 X 的方差的算数平方根 $\sqrt{D(X)}$，我们一般称为标准差或均方差，记为 $\sigma(X)$.

通过概念，我们了解到随机变量 X 的方差刻画了随机变量 X 的取值与其数学期望的偏离程度. 若 $D(X)$ 较小，意味着 X 的取值比较集中在 $E(X)$ 的附近，反之则表示 X 的取值较分散. 因此，$D(X)$ 是描述随机变量 X 取值分散程度的一个度量，它是衡量 X 取值分散程度的一个尺度.

下面给出方差的几个重要性质：

（1）设 C 是常数，则有 $D(C)=0$.

（2）设 X 是一个随机变量，C 是常数，则有

$$D(CX)=C^2D(X),\quad D(X+C)=D(X).$$

（3）设 X,Y 是两个随机变量，则有

$$D(X+Y)=D(X)+D(Y)+2E\{(X-E(X))(Y-E(Y))\}.$$

特别地，若 X,Y 是两个相互独立的随机变量，则有

$$D(X+Y)=D(X)+D(Y).$$

对于任意有限多个相互独立的随机变量之和的情况，上述性质（3）中的等式也是保持的.

（4）$D(X)=0$ 的充要条件是

$$P\{X=E(X)\}=1.$$

下面给出二维随机变量 (X,Y) 中的随机变量间的刻画，包括随机变量 X 与 Y 的数学期望与方差以及描述 X 与 Y 之间相互关系的其他数字特征.

定义 6.8.3[221-222] 量 $E\{[X-E(X)][Y-E(Y)]\}$ 称为随机变量 X 与 Y 的协方差，记为 $\mathrm{Cov}(X,Y)$，即

$$\mathrm{Cov}(X,Y)=E\{[X-E(X)][Y-E(Y)]\},$$

而

$$\rho_{XY}=\frac{\mathrm{Cov}(X,Y)}{\sqrt{D(X)}\sqrt{D(Y)}}$$

称为随机变量 X 与 Y 的相关系数.

协方差具有下述性质：

（1） $\mathrm{Cov}(aX,bY)=ab\,\mathrm{Cov}(X,Y)$，$a,b$ 是常数.

（2） $\mathrm{Cov}(X_1+X_2,Y)=\mathrm{Cov}(X_1,Y)+\mathrm{Cov}(X_2,Y)$.

定义 6.8.4[221-222] 设 X 是随机变量，若

$$E(X^k), k=1,2,\cdots$$

存在，则称它为 X 的 k 阶原点距，简称 k 阶距.

定义 6.8.5[221-222] 设 X 是随机变量，若

$$E\{[X-E(X)]^k\}, k=2,3,\cdots$$

存在，则称它为 X 的 k 阶中心距.

定义 6.8.6[221-222] 设 X 和 Y 是随机变量，若

$$E(X^kY^l), k,l=1,2,\cdots$$

存在，则称它为 X 和 Y 的 $k+l$ 阶混合距.

定义 6.8.7[221-222] 设 X 和 Y 是随机变量，若

$$E\{[X-E(X)]^k[Y-E(Y)]^l\}, k,l=1,2,\cdots$$

存在，则称它为 X 和 Y 的 $k+l$ 阶混合中心距.

显然，我们一般定义的随机变量 X 的数学期望 $E(X)$ 是 X 的一阶原点距，方差 $D(X)$ 是 X 的二阶中心距，协方差 $\mathrm{Cov}(X,Y)$ 是 X 和 Y 的二阶混合中心距.

6.3.2 Samuelson 型的算子不等式的推广形式

本节主要研究高阶距下多维样本数据的 Samuelson 型的算子不等式. 不失一般性，假设研究对象为二维样本数据. 首先给出如下定理.

定理 6.8.1 设 $x_1,x_2,\cdots,x_n$ 为 n 个复数，并且 m_r 为其相对应的中心距，则有

$$m_r \geqslant \frac{1+(n-1)^{r-1}}{n(n-1)^{r-1}}|x_j-\overline{x}|^r, \tag{6.80}$$

其中，$j=1,2,\cdots,n$ 和 $r=1,2,\cdots,n$.

证明：我们考虑函数：$y=x^r(x>0), r\geqslant 1$，很容易知道它在区间 $(0,+\infty)$ 上是凸性的，也即

$$\frac{1}{n}\sum_{i=1}^{n}x_i^r \geqslant \left(\frac{1}{n}\sum_{i=1}^{n}x_i\right)^r.$$

对于 $n-1$ 个正实数 $|x_i-\overline{x}|, i=1,2,\cdots,n$，应用上述的不等式，可以得到

$$\frac{1}{n-1}\sum_{i=1,i\neq j}^{n}|x_i-\overline{x}|^r \geqslant \left(\frac{1}{n-1}\sum_{i=1,i\neq j}^{n}|x_i-\overline{x}|\right)^r,$$

因此

$$\begin{aligned}
m_r &= \frac{1}{n}\sum_{i=1}^{n}|x_i-\overline{x}|^r = \frac{1}{n}\sum_{i=1,i\neq j}^{n}|x_i-\overline{x}|^r + \frac{1}{n}|x_j-\overline{x}|^r \\
&= \frac{n-1}{n}\left(\frac{1}{n-1}\sum_{i=1,i\neq j}^{n}|x_i-\overline{x}|^r\right) + \frac{1}{n}|x_j-\overline{x}|^r \\
&\geqslant \frac{n-1}{n}\left(\frac{1}{n-1}\sum_{i=1,i\neq j}^{n}|x_i-\overline{x}|\right)^r + \frac{1}{n}|x_j-\overline{x}|^r \\
&\geqslant \frac{n-1}{n}\left(\frac{1}{n-1}\left|\sum_{i=1,i\neq j}^{n}(x_i-\overline{x})\right|\right)^r + \frac{1}{n}|x_j-\overline{x}|^r \\
&= \frac{(n-1)^{r-1}+1}{n(n-1)^{r-1}}|x_j-\overline{x}|^r .
\end{aligned}$$

由上述定理 6.8.1，很容易得到下面的关于最大误差的一个上界.

定理 6.8.2 设 $x_1,x_2,\cdots,x_n$ 为 n 个复数，$\overline{x}$ 为其相对应的平均值，d 为其对应的最大误差值，则由上述定理，显然有如下不等式成立

$$d \leqslant \left(\frac{n(n-1)^{r-1}}{1+(n-1)^{r-1}}m_r\right)^{\frac{1}{r}}.$$

6.3.3 Samuelson 型的算子不等式的应用

1．复数域矩阵特征值的估计与定位问题

众所周知，矩阵特征值的估计与定位在矩阵分析理论以及其他交叉应用学科起着重要的作用，传统的对矩阵特征值的刻画都是基于代数的、分析的方法，给出相应的圆盘形、卵形、椭圆形等区域. 本节，我们将应用 6.3.2 节中得到的高阶距下 Samuelson 型的算子不等式，研究复数域矩阵特征值的估计与定位问题，并给出一个圆盘序列估计区域.

首先，我们引入下面几个优超关系.

定理 6.8.3[223] 设 $x, y \in \mathbb{R}_+^n$，则有

$$x \prec_{w\log} y \ \text{蕴含} \quad x \prec_w y.$$

定理 6.8.4[223] 设 $A \in M_n$ 及 $\lambda_1, \cdots, \lambda_n$ 是其所有的特征值，则有如下优超关系

$$\{|\lambda_i|\}_{i=1}^n \prec_{\log} s(\boldsymbol{A})$$

定理 6.8.5 设 $n \times n$ 阶的复矩阵 $\boldsymbol{A}$，$\lambda_i, i = 1, 2, \cdots, n$ 是其所有的特征值，进一步设 $\boldsymbol{B} = \boldsymbol{A} - \frac{\mathrm{tr}\boldsymbol{A}}{n} I$，则 $n \times n$ 阶的复矩阵 $\boldsymbol{A}$ 的所有特征值都落在如下圆盘区域内：

$$\left|\lambda_i - \frac{\mathrm{tr}\boldsymbol{A}}{n}\right| \leqslant \left(\frac{n(n-1)^{r-1}}{1+(n-1)^{r-1}} \mathrm{tr}\,(\boldsymbol{B}\boldsymbol{B}^*)^{\frac{r}{2}}\right)^{\frac{1}{r}}, \tag{6.81}$$

其中，$j = 1, 2, \cdots, n$ 和 $r = 1, 2, \cdots, n$.

证明：由上述定理 6.8.3，有

$$\{|\lambda_i|\}_{i=1}^n \prec_\omega s(\boldsymbol{A}).$$

对于任意的 $k \geqslant 1$，显然有

$$\{|\lambda_i|^k\}_{i=1}^n \prec_\omega s(\boldsymbol{A})^k.$$

设 $\bar{x}$ 为矩阵 $\boldsymbol{A}$ 所有特征值 λ_i，$i = 1, 2, \cdots, n$ 的算术平均值，即

$$\bar{x} = \frac{1}{n}\sum_{i=1}^n \lambda_i = \frac{\mathrm{tr}\boldsymbol{A}}{n}.$$

很显然，矩阵 $\boldsymbol{B}$ 的特征值为 $\lambda_i - \frac{\mathrm{tr}\boldsymbol{A}}{n}$，因此

$$m_r = \frac{1}{n}\sum_{i=1}^n \left|\lambda_i - \frac{\mathrm{tr}\boldsymbol{A}}{n}\right|^r \leqslant \frac{1}{n}\sum_{i=1}^n (s_i(\boldsymbol{B}))^r = \frac{1}{n} \mathrm{tr}\,(\boldsymbol{B}\boldsymbol{B}^*)^{\frac{r}{2}}.$$

另外，设 $\rho_r = \left(\frac{n(n-1)^{r-1}}{1+(n-1)^{r-1}} \mathrm{tr}\,(\boldsymbol{B}\boldsymbol{B}^*)^{\frac{r}{2}}\right)^{\frac{1}{r}}$，通过简单的取对数求极限，我们注意到，$\lim\limits_{r \to +\infty} \rho_r = \max_j \left|\lambda_j - \frac{\mathrm{tr}\boldsymbol{A}}{n}\right|$.

进一步地，若矩阵 $\boldsymbol{A}$ 为 Hermitian 矩阵，则有如下结论.

推论 6.8.1 设 $n \times n$ 阶的复 Hermitian 矩阵 $\boldsymbol{A}$，$\lambda_i, i = 1, 2, \cdots, n$ 是其所有

的特征值，进一步，设 $\boldsymbol{B}=\boldsymbol{A}-\frac{\mathrm{tr}\boldsymbol{A}}{n}I$，则 $n\times n$ 阶的复矩阵 $\boldsymbol{A}$ 的所有特征值都落在下面的圆盘区域内：

$$\left|\lambda_i-\frac{\mathrm{tr}\boldsymbol{A}}{n}\right|\leqslant\left(\frac{n(n-1)^{r-1}}{1+(n-1)^{r-1}}\mathrm{tr}\,(|\boldsymbol{B}|^r)\right)^{\frac{1}{r}},\tag{6.82}$$

其中，$j=1,2,\cdots,n$ 和 $r=1,2,\cdots,n$.

下面通过具体的数值算例来验证说明我们结论的有效性.

例 6.8.1　考虑 4×4 阶的矩阵 $\boldsymbol{A}$，

$$\boldsymbol{A}=\begin{bmatrix}0&0&0&1\\1&0&0&2\\1&0&0&1\\-1&0&0&1\end{bmatrix},$$

我们注意到这个矩阵不是 Hermitian 矩阵，所以文献[37,38]中的估计定位方法在这里就不能使用了.

下面通过上述定理进行讨论，通过简单的计算，我们知道矩阵 $\boldsymbol{A}$ 的特征值为 $0,0,\frac{1\pm i\sqrt{3}}{2}$，由上述定理，我们知道矩阵 $\boldsymbol{A}$ 的所有特征值都落在下面的区域内：

$$\left|\lambda_i-\frac{1}{4}\right|\leqslant\left[\frac{4\cdot3^{r-1}}{1+3^{r-1}}\mathrm{tr}\,(\boldsymbol{BB}^*)^{\frac{r}{2}}\right]^{\frac{1}{r}},$$

其中，$\boldsymbol{B}=\boldsymbol{A}-\frac{\mathrm{tr}\boldsymbol{A}}{n}I$，

为方便起见，我们记 $R_0=\left(\frac{4\cdot3^{r-1}}{1+3^{r-1}}\mathrm{tr}\,(\boldsymbol{BB}^*)^{\frac{r}{2}}\right)^{\frac{1}{r}}$.

由 MATLAB（R2010b），我们得到表 6.1 及图 6.1.

表 6.1　R_0 随 r 的变化

r	R_0	r	R_0
1	8.738341508576323	10	2.811488241139030
2	5.123504659898339	11	2.774163470462418

续表

r	R_0	r	R_0
3	4.097214477112870	12	2.743901972166355
4	3.590313421212898	…	…
5	3.301839727925965	…	…
6	3.122917678667503	…	…
7	3.004020119041017	100	2.476760779349933
8	2.920378272803812	…	…
9	2.858717825407475	300	2.453976099091181

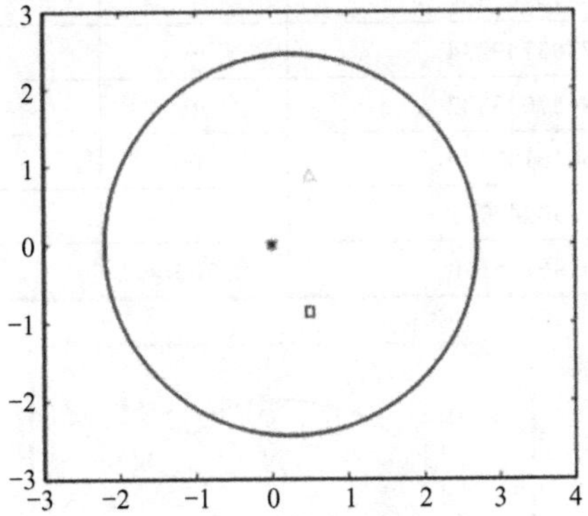

图 6.1　R_0 随 r 的变化

例 6.8.2　考虑3×3阶的矩阵 $\boldsymbol{C}$，

$$\boldsymbol{C}=\begin{bmatrix}5 & 1 & 2-i\\ 1 & 1 & 1+2i\\ 2+i & 1-2i & 3\end{bmatrix}.$$

我们注意到这个矩阵是 Hermitian 矩阵. 通过简单的计算，我们知道矩阵$\boldsymbol{C}$的特征值为$3,3\pm\sqrt{15}$，由推论 6.8.1，我们知道矩阵$\boldsymbol{C}$的所有特征值都落在下面的区域内：

$$|\lambda_i-3|\leqslant\left(\frac{3\cdot 2^{r-1}}{1+2^{r-1}}\operatorname{tr}(|\boldsymbol{D}|^r)\right)^{\frac{1}{r}},$$

其中，$\boldsymbol{D}=\boldsymbol{C}-\dfrac{\operatorname{tr}\boldsymbol{A}}{n}I$.

为方便起见，记 $\boldsymbol{R}_1=\left(\frac{3\cdot 2^{r-1}}{1+2^{r-1}}\operatorname{tr}(|\boldsymbol{D}|^r)\right)^{\frac{1}{r}}$.

由 MATLAB（R2010b），得到表 6.2 及图 6.2.

表 6.2 R_1 随 r 的变化

r	R_1	r	R_1
1	11.618950038622254	10	4.632079602484490
2	7.745966692414836	11	4.557724974541300
3	6.533201332722019	12	4.496492774614660
4	5.885661912765425	…	…
5	5.475327383749234	…	…
6	5.194098457033382	…	…
7	4.991696616197449	100	3.943003313493145
8	4.840520550247771	…	…
9	4.724096396175140	300	3.896184076069236

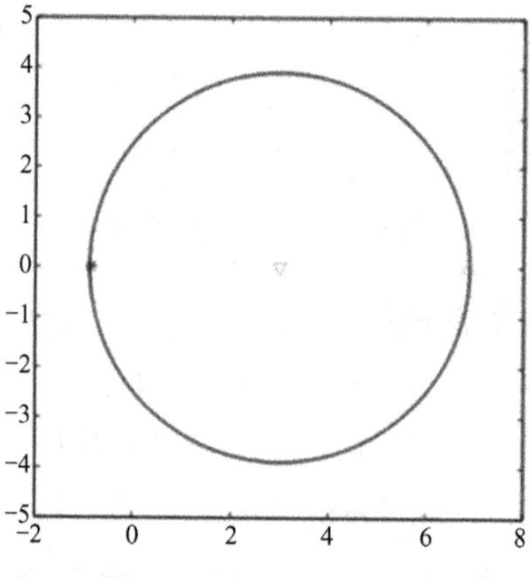

图 6.2 R_1 随 r 的变化

通过表 6.1 及表 6.2，我们观察到随着正整数 r 的不断增大，序列 R_0 和 R_1 呈递减趋势. 文献[102]证明了当 r 取值偶数列变化时 ρ_r 是单调递减的. 因此，我们猜测对于任意的正整数 r，ρ_r 都是单调递减的. 事实上，上述猜测是不成立的. 考虑下面的矩阵：

$$\boldsymbol{E}=\begin{bmatrix}1&0&0\\0&1&1\\0&0&1\end{bmatrix}.$$

通过定理 6.8.5，我们知道矩阵 $\boldsymbol{E}$ 的所有特征值都落在下面的区域内：

$$|\lambda_i - 1| \leqslant \left(\frac{3\cdot 2^{r-1}}{1+2^{r-1}}\right)^{\frac{1}{r}},$$

记作 $\rho_r = \left(\frac{3\cdot 2^{r-1}}{1+2^{r-1}}\right)^{\frac{1}{r}}$. 若取 $r=3$，则相应的 $\rho_3 = \left(\frac{12}{5}\right)^{\frac{1}{3}}$，若取 $r=4$，则相应的 $\rho_4 = \left(\frac{24}{9}\right)^{\frac{1}{4}}$，比较可知 $\rho_4 > \rho_3$.

2. 复系数多项式特征根的估计与定位问题

作为 Samuelson 不等式的另一个应用，复系数多项式特征根的估计与定位问题在多项式理论中也起着举足轻重的作用. 譬如，对高维多项式特征根的求解是很烦琐的，甚至是不可能操作的，除非借助于现代高端计算机. 同时，在很多情况下，我们不需要知道研究的多项式确切的特征根，只需要知道其多项式特征根的一个范围区域即可.

设多项式 $F(x) = b_0x^n + b_1x^{n-1} + b_2x^{n-2} + b_3x^{n-3} + \cdots + b_{n-1}x + b_n$，通过相应的变量替换，我们总可以转换成多项式 $f(x) = x^n + b_2x^{n-2} + b_3x^{n-3} + \cdots + b_{n-1}x + b_n$ 的形式，并且两者的特征根也有相应的替换关系，因此对一般 n 次多项式特征根的研究可以弱化为对多项式 $f(x) = x^n + b_2x^{n-2} + b_3x^{n-3} + \cdots + b_{n-1}x + b_n$ 的特征根的研究.

考虑多项式 $f(x) = x^n + b_2x^{n-2} + b_3x^{n-3} + \cdots + b_{n-1}x + b_n = 0$ 的特征根. 设 $x_1, x_2, \cdots, x_n$ 是上述多项式的特征根. 首先给出著名的 Newton 恒等式.

定理 6.8.6[223]　(Newton 恒等式)

$$\alpha_k + b_1\alpha_{k-1} + b_2\alpha_{k-2} + \cdots + b_{k-1}\alpha_1 + kb_k = 0,$$

其中，

$$\alpha_k = \sum_{i=1}^{n} x_i^k \,(k = 1, 2, \cdots, n).$$

由 6.3.2 节中得到的高阶距 Samuelson 不等式，可以得到如下关系式

$$m_1 = 0,$$

$$m_2 = \frac{1}{n}\sum_{i=1}^{n}|x_i|^2 = \frac{2}{n}|b_2|,$$

$$m_3 = \frac{1}{n}\sum_{i=1}^{n}|x_i|^3 = \frac{3}{n}|b_3|,$$

$$m_4 = \frac{1}{n}\sum_{i=1}^{n}|x_i|^4 = \frac{2}{n}|b_2^2 - 2b_4|,$$

$$m_5 = \frac{1}{n}\sum_{i=1}^{n}|x_i|^5 = \frac{5}{n}|b_2 b_3 - b_5|,$$

将上述关系式代入定理 6.8.1，有如下定理.

定理 6.8.7 当$n \geqslant 5$时，多项式$f(x) = x^n + b_2 x^{n-2} + b_3 x^{n-3} + \cdots + b_{n-1}x + b_n = 0$的所有特征根都落在下面的区域内：

$$|x_j| \leqslant D_2, \tag{6.83}$$

其中，$D_2 = \left[\frac{2(n-1)^3}{1+(n-1)^3}|b_2^2 - 2b_4|\right]^{\frac{1}{4}}$.

定理 6.8.8 当$n \geqslant 6$时，多项式$f(x) = x^n + b_2 x^{n-2} + b_3 x^{n-3} + \cdots + b_{n-1}x + b_n = 0$的所有特征根都落在下面的区域：

$$|x_j| \leqslant D_3, \tag{6.84}$$

其中，$D_3 = \left(\frac{5(n-1)^4}{1+(n-1)^4}|b_2 b_3 - b_5|\right)^{\frac{1}{5}}$.

下面通过具体的数值算例来验证结论的有效性.

例 6.8.3 考虑多项式$f(x) = x^5 + 25x^4 + 112x^3 + 96x^2 + 14x + 105$.

尽管多项式的系数都是正数，但我们注意到$a_4^2 - 4a_5 a_3 < 0$，由文献[69]，我们知道它的特征根不全是实数，所以此时 Laguerre 不等式就失效了，在这里利用定理来定位多项式的特征根的区域.

设$x = y + 5$，则多项式$f(x)$将转化成如下的多项式形式

$$f(y) = y^5 - 138y^3 + 916y^2 - 1921y + 935.$$

通过简单计算，我们知道它的特征根落在下面的区域内：

$$|y_j| \leqslant 14.57$$

下面通过 MATLAB（R2010b）模拟，得到对应的区域如图 6.3 所示.

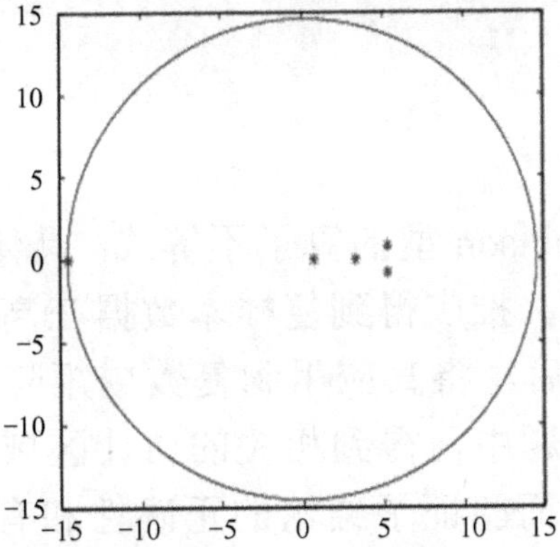

图 6.3 例 6.8.3 多项式根的分布

例 6.8.4 考虑多项式 $f(x)=x^6-12x^5+2x^4+3x^3+8x^2+1000x+27$.

同理，由文献[69]，我们知道它的特征根不全是实数，所以此时 Laguerre 不等式就失效了，在这里利用定理来定位多项式的特征根的区域.

设 $x=y+2$，则多项式 $f(x)$ 将转化成如下的多项式

$$f(y)=y^6-58y^4-301y^3-646y^2+364y+1785.$$

通过简单计算，我们知道它的特征根落在下面的区域内：

$$|y_j|\leqslant 9.69.$$

下面通过 MATLAB（R2010b）模拟，得到对应的区域如图 6.4 所示。

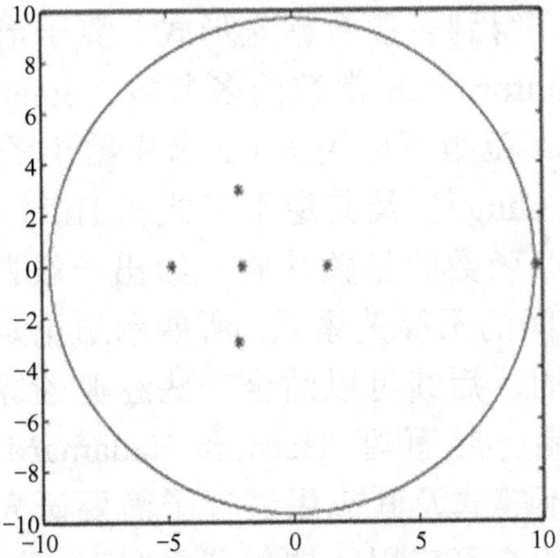

图 6.4 例 6.8.4 多项式根的分布

6.3.4 本节小结

本节研究的是 Samuelson 型的算子不等式. 具体地，我们首先利用统计学中绝对中心距的理论，推广得到复样本数据在高阶距下的 Samuelson 型的算子不等式形式. 然后，将其应用到复数域矩阵特征值及复系数多项式特征根的估计与定位问题中，得到相关的估计区域，并通过 MATLAB 模拟出相关定位区域，从而验证了结论的正确性和有效性. 值得一提的是，在第二部分的应用中，我们给出了 5 次以上和 6 次以上的不等式的特征根的估计区域，当然，其他高次多项式特征根的估计区域也可以通过相似的过程给出.

6.4 本章小结

本章主要是对前面章节的补充，进一步给出其他经典算子不等式及其应用，诸如其他 Young 型的算子不等式、Hermite-Hadamard 积分算子不等式、Samuelson 型的算子不等式. 利用算子函数的单调性质，矩阵谱分解以及一些演算技巧，推广得到多参数标量形式、算子形式的 Young 型及其逆不等式，以及具有 Kantorovich 常数的多参数 Young 型及其逆不等式，并且，在 Hilbert-Schmidt 范数下应用 6.1.2 节中给出的标量形式的 Young 型及其逆不等式，得到 Young 型及其逆不等式在 Hilbert-Schmidt 范数下的矩阵形式；进一步利用凸函数的相关性质，给出一般酉不变范数下的 Heinz 均值与 Heron 均值之间的不等关系式. 所展示结论是现有文献的推广或强化，但并非是最优化的，后续可以结合一些经典的算法，进一步构造最优的矩阵算子不等关系. 后面对 Hermite-Hadamard 积分算子不等式、Samuelson 型的算子不等式及其应用进行了简要研究，得到一些细化的不等式以及与矩阵理论的交叉应用，这部分内容有待进一步深入研究.

第 7 章　总结与讨论

本书主要讨论了算子 Lönwer 偏序与矩阵奇异值不等式，紧紧围绕算子 Dunkl-Williams 型不等式以及 Zhan 猜想进行研究，得到一些有价值的结果，所得结果丰富了矩阵不等式的内容.

本书具体工作包括：算子 Bohr 型不等式、算子 Dunkl-Williams 型不等式、Tsallis 相对算子熵的性质、奇异值几何-算术平均值不等式、奇异值 Heinz 不等式、矩阵和与积的奇异值弱对数受控、酉不变范数几何-算术平均值不等式、酉不变范数 Heinz 不等式、酉不变范数 Young 型不等式，Bhatia 和 Kittaneh 在 1998 年得到的一个结果的推广，以及其他诸如 Hermite-Hadamard 积分算子不等式、Samuelson 型的算子不等式及其应用.

在以上工作的基础上，还有一些有待于进一步研究的问题.

对于标量几何-算术平均值不等式，我们得到它的一个改进

$$\left[1+\frac{(\log a-\log b)^2}{8}\right]\sqrt{ab}\leqslant\frac{a+b}{2},$$

并利用这个不等式改进了算子几何-算术平均值不等式. 一个自然的问题是：利用这个不等式能否改进矩阵不等式或其他领域中的结果呢？

对于矩阵奇异值不等式，我们提出如下问题：当 $\frac{1}{2}\leqslant r\leqslant\frac{3}{2}$ 时，奇异值不等式

$$s_j(\boldsymbol{A}^r\boldsymbol{B}^{2-r}+\boldsymbol{A}^{2-r}\boldsymbol{B}^r)\leqslant\frac{1}{2}s_j(\boldsymbol{A}+\boldsymbol{B})^2,\quad j=1,2,\cdots,n$$

是否成立？这个问题的意义在于，若上面这个不等式是成立的，则 Zhan 猜想是成立的.

对于矩阵酉不变范数，我们提出如下猜想：对于任意的酉不变范数，都有

$$\left\|\frac{A^{\nu}XB^{1-\nu}+A^{1-\nu}XB^{\nu}}{2}\right\|\leqslant(1-\alpha(\nu))\|A^{1/2}XB^{1/2}\|+\alpha(\nu)\left\|\frac{AX+XB}{2}\right\|,$$

其中，$\alpha(\nu)=(1-2\nu)^2$. 若这个猜想被证明成立，则它将是关于酉不变范数 Heinz 不等式最好的结果.

对于矩阵算子不等式的研究，常规采用的是代数方面的理论和方法，可否与其他诸如算法理论、运筹学理论等交叉学科结合起来，进一步寻找矩阵算子不等式的强化上、下界，并确定是否是最优的.

后面部分内容是对 Hermite-Hadamard 积分算子不等式、Samuelson 型的算子不等式及其应用的部分研究，相对比较单一，后续需要进一步深入研究，得到更为普适的结论.

众所周知，矩阵理论在优化理论、图论等众多数学学科密切相关，而且它还在工程管理、量子信息、物理学、动力系统等交叉应用学科中有着十分重要的实际应用. 本书主要展示矩阵理论方面的一些理论研究成果，也希望其他相关理论学科和应用学科相关的研究学者多多交流，力争在取得更好、更优理论结果的基础上，产学研结合，更好地服务社会.

参 考 文 献

[1] Fink A M. An essay on the history of inequalities [J]. J. Math. Anal. Appl., 2000, 249(1) : 118-134.

[2] 祁锋. 浅谈数学不等式理论及其应用[J]. 焦作大学学报，2003, 4(2) : 59-64.

[3] 欧阳颀. 非线性科学与斑图动力学导论[M]. 北京：北京大学出版社，2011.

[4] Newman M E J, Girvan M. Finding and evaluating community structure in networks [J]. Phys. Rev. E., 2004, 69 (2): 026113.

[5] Newman M E J. Modularity and community structure in networks [J]. Proc. Natl. Acad. Sci., 2006, 103 (23): 8577-8582.

[6] Benson A, Gleich D, Leskovec J. Higher-order Organization of Complex Networks [J]. Science, 2006, 353: 163-166.

[7] Nakao H, Mikhailov A S. Turing patterns in network-organized activator-inhibitor systems [J]. Nature Physics, 2010, 6: 1-7.

[8] Liao X, Xia Q, Qian Y, et al. Pattern formation in oscillatory complex networks consisting of excitable nodes [J]. Phys. Rev. E., 2011, 83: 056204.

[9] Mimar S, Juane M M, Park J, et al. Turing patterns mediated by network topology in homogeneous active systems [J]. Phys. Rev. E., 2019, 99: 062303.

[10] Cencetti G, Battiston F, Carletti T, et al. Turing-like patterns from purely reactive systems [J/OL]. 2019. arXiv:1906.09048.

[11] Moradi H R, Sababheh M. Eigenvalue inequalities for n-tuple of matrices [J]. Linear and Multilinear Algebra, 2021, 69(12): 2192-2203.

[12] Wu J, Zhang P, Liao W. Upper Bounds for the Spread of a Matrix [J]. Linear Algebra Appl., 2012, 437: 2813-2822.

[13] Zou L, Jiang Y. Singular value inequalities for positive semidefinite matrices [J]. Bull. Iran. Math. Soc., 2014, 40: 631-638.

[14] Kato T. Perturbation Theory for Linear Operators[M]. New York: Springer-Verlag, 1966.

[15] Lee W Y. Boundaries of the spectra in L(X) [J]. Proc. Amer. Math. Soc., 1992, 116: 185-189.

[16] Lee WY. A generalization of the puncturded neighborhood theorem [J]. Proc. Amer. Math. Soc., 1993, 117: 107-109.

[17] Schmoeger C. On a generalized punctured neighborhood theorem in G(X) [J]. Proc. Amer. Math. Soc., 1995, 123: 1237-1240.

[18] Shao J. On Young and Heinz inequalities for τ-measurable operators [J], J. Math. Anal. Appl., 2014, 414: 243-249.

[19] Shao J, Han Y Z. Some convexity inequalities in non-commutative L-p spaces [J], J. Inequal Appl., 2014, 2014: 385.

[20] Wigner E P, Neumann J V. Significance of Löwner's theorem in the quantum theory of collisions [J]. Ann. of Math., 1954, 59: 418-433.

[21] Anderson W N, Trapp G E. A class of monotone operator functions related to electrical network theory [J]. Linear Algebra Appl., 1994, 197: 113-131.

[22] Löwner K. Über monotone Matrixfunktionen [J]. Math. Z., 1934, 38: 177-216.

[23] Heinz E. Beitrage zur Storungstheorie der Spectralzerlegung [J]. Math. Ann., 1951, 123: 415-438.

[24] Furuta T. $A \geqslant B \geqslant 0$ assures $(B^r A^p B^r)^{1/q} \geqslant B^{(p+2r)/q}$ for $r \geqslant 0$, $p \geqslant 0$, $q \geqslant 1$ with $(1+wr)q \geqslant p+2r$ [J]. Proc. Amer. Math. Soc., 1987, 101: 85-88.

[25] Ando T. Topics on operator inequalities [M]. Sapporo: Lecture Note, 1978.

[26] Furuta T, Yanagida M. Generalized means and convexity of inversion for positive operators [J]. Amer. Math. Monthly, 1998, 105: 258-259.

[27] Furuta T. Invitation to linear operators: from matrix to bounded linear operators on a Hilbert space [M]. Taylor and France, 2002.

[28] Specht W. Zer Theorie der elementaren Mittel [J]. Math. Z., 1960, 74: 91-98.

[29] Furuichi S. Refined Young inequalities with Specht's ratio [J]. J. Egyptian Math. Soc. 2012, 20: 46-49.

[30] Tominaga M. Specht's ratio in the Young inequality [J]. Sci. Math. Jpn., 2002, 55: 583-588.

[31] Kantorovich L V. Functional analysis and applied mathematics (in Russian) [J]. Uspehi Matem. Nauk (N.S.), 1948, 3: 89-185.

[32] Zuo H, Shi G, Fujii M. Refined Young inequality with Kantorovich constant [J]. J. Math. Inequal, 2011, 5(4): 551-556.

[33] Sababheh M, Yousef A, Khalil R. Interpolated Young and Heinz inequalities [J]. Linear and Multilinear Algebra, 2015, 63: 2232–2244.

[34] M. Fréchet. Sur la définition axiomatique d'une classe d'espaces vectoriels distanciés applicables vectoriellement sur l'espace de Hilbert [J]. Ann. Math., 1935, 36: 724-732.

[35] Jordan P, Neumann J V. On inner products in linear, metric spaces [J]. Ann. Math., 1935, 36: 719-723.

[36] Dunkl C F, Williams K S. A simple norm inequality [J]. Amer. Math. Monthly, 1964, 71: 53-54.

[37] Kirk W A, Smiley M F. Mathematical Notes: Another characterization of inner product spaces [J]. Amer. Math. Monthly, 1964, 71: 890-891.

[38] Moslehian M S, Dadipour F, Rajić R, et al. A glimpse at the Dunkl-Williams inequality [J]. Banach J. Math. Anal., 2011, 5: 138-151.

[39] Pečarić J, Rajić R. Inequalities of the Dunkl-Williams type for absolute value operators [J]. J. Math. Inequal, 2010, 4: 1-10.

[40] Bhatia R, Kittaneh F. On the singular values of a product of operators [J]. SIAM J. Matrix Anal. Appl., 1990, 11: 272-277.

[41] Zhan X. Singular values of differences of positive semidefinite matrices [J]. SIAM J. Matrix Anal. Appl., 2000, 22: 819-823.

[42] Bhatia R, Davis C. More matrix forms of the arithmetic-geometric

mean inequality [J]. SIAM J. Matrix Anal. Appl., 1993, 14: 132-136.

[43] Zhan X. Inequalities for unitarily invariant norms [J]. SIAM J. Matrix Anal. Appl., 1999, 20: 466-470.

[44] Zhan X. Some research problems on the Hadamard product and singular values of matrices [J]. Linear and Multilinear Algebra, 2000, 47: 191-194.

[45] Audenaert K M R. A singular value inequality for Heinz means [J]. Linear Algebra Appl., 2007, 422: 279-283.

[46] 江芹，杨溪. 有关凸函数的一些性质的注记 [J]. 黄冈师范学院学报, 2011, 31(6): 7-9.

[47] 祝奔石. 分数阶微积分及其应用 [J]. 黄冈师范学院学报，2011, 31(6): 1-3.

[48] 朱强. 凸函数的 Hadamard 不等式及其应用 [D]. 重庆：重庆理工大学，2011.

[49] Dragomir S S. A mapping in connection to Hadamard's inequality [J]. An Ostro. Akad. Wiss. Math. Natur(Wien), 1991, 128: 17-20.

[50] Dragomir S S. Two mappings in connection to Hadamard's inequality [J]. J. Math. Anal. Appl., 1992, 167: 49-56.

[51] Farissi A E. Simple Proof and Refinement of Hermite-Hadamard inequality [J]. J. Math. Inequal., 2010, 4(3): 365-369.

[52] Dragomir S S. On the Hadamard's inequality for convex functions on the co-ordinates in a rectangle from the plane [J]. Taiwanese J. Math., 2001, 5(4): 775-788.

[53] Özdemir M E, Yildiz C, Akdemir A O. On some new the Hadamard-type inequalities for co-ordinated quasi-convex functions [J]. Hacet. J. Math. Stat., 2012, 41(5): 697-707.

[54] Orlicz W. A note on modular spaces-I, Bull. Acad. Polon. Sci. Math. Astronom. Phys., 1961, 9: 157-162.

[55] Alomari M, Darus M. The Hadamard's inequalities for s-Convex Function of 2-Variables on the Co-ordinates [J]. Int. Math. Forum. 2008, 13(2): 629-638.

[56] Alomari M, Darus M. Hadamard-Type inequalities for s-Convex Functions [J]. Int. Math. Forum, 2008, 40(3): 1965-1975.

[57] Alomari M, Darus M. Co-ordinates s-convex function in the first sense with some Hadamard-Type inequalities [J]. Int. J. Contemp. Math. Sci. 2008, 32(3): 1557-1567.

[58] Bessenyei M, Páles Z. Hadamard-type inequalities for generalized convex functions [J]. Math. Inequal Appl., 2003, 6(3): 379-392.

[59] Chen F. A note on the Hermite-Hadamard inequality for convex functions on the co-ordinates [J]. J. Math. Inequal, 2014, 8(4): 915-923.

[60] Dragomir S S. Hermite-Hadamard's type inequalities for operator convex functions [J]. Appl. Math. Comput., 2011, 218(3): 766-772.

[61] Dragomir S S. Hermite-Hadamard's type inequalities for convex functions of self-adjoint operators in Hilbert spaces [J]. Linear Algebra Appl., 2012, 436(5): 1503-1515.

[62] Dragomir S S, Fitzpatrick S. The Hadamard's inequality for s-convex functions in the second sense [J]. Demonstratio. Math. 1999, 32(4): 687-696.

[63] Ion D A. Some estimates on the Hermite-Hadamard inequality through quasi-convex functions [J]. An. Univ. Craiova, Ser. Mat. Inf., 2007, 34: 83–88.

[64] Gao X. A note on the Hermite-Hadamard inequality [J]. J. Math. Inequal, 2010, 4(4): 587-591.

[65] Hudzik H, Maligranda L. Some remarks on s-convex functions [J], Aequationes Math., 1994, 48: 100-111.

[66] Wolkowicz H, Styan G P H. Bounds for eigenvalues using traces [J], Linera Algebra Appl., 1980, 29: 471-506.

[67] Bhatia R, Davis C. A better bound on the variance [J], Amer. Math. Monthly, 2000: 107: 353-357.

[68] Jensen S T, Styan G P H. Some comments and abibliography on the Laguerre-Samuelson Inequality with extensions and applications in statistics and matrix theory [J], Analytic and Geometric Inequalities and applications, 1999: 151-181.

[69] Olkin I. A matrix formulation on how deviant an observation can be [J], The Amer. Statist., 1992, 46(3): 205-209.

[70] Samuelson P A. How deviant can you be ? [J]. J. Amer. Statist. Assoc., 1968, 63: 1522-1525.

[71] Sharma R, Gupta M, Kapoor G. Some better bounds on the variance with applications [J]. J. Math. Inequal, 2010, 4: 355-363.

[72] Sharma R, Kaura A, Gupta M, et al. Some bounds on sample parameters with refine-ments of Samuelson and Brunk inequalities [J]. J. Math. Inequal, 2009, 3: 99-106.

[73] Sharma R, Saini R. Generalization of Samuelson's inequality and location of eigenvalues [J]. Proc. Indian Acad. Sci.(Math. Sci.), 2015, 125: 103-111.

[74] Bohr H. Zur Theorie der Fastperiodischen Funktionen I [J]. Acta Math., 1924, 45: 29-127.

[75] Fujii M, Moslehian M S, Mićić J. Bohr's inequality revisited [M]. Nonlinear analysis, Springer Optim. Appl. 68: 279-290, New York: Springer, 2012.

[76] Hirzallah O. Non-commutative operator Bohr inequality [J]. J. Math. Anal. Appl., 2003, 282: 578-582.

[77] Cheung W S, Pečarić J. Bohr's inequalities for Hilbert space operators [J]. J. Math. Anal. Appl., 2006, 323: 403-412.

[78] Zhang F. On the Bohr inequality of operators [J]. J. Math. Anal. Appl., 2007, 333(2): 1264-1271.

[79] Chansangiam P, Hemchote P, Pantaragphong P. Generalizations of Bohr inequality for Hilbert space operators [J]. J. Math. Anal. Appl., 2009, 356: 525-536.

[80] Matharu J S, Moslehian M S, Aujla J S. Eigenvalue extensions of Bohr's inequality [J]. Linear Algebra Appl., 2011, 435: 270-276.

[81] Fujii M, Zuo H. Matrix order in Bohr inequality for operators [J]. Banach J. Math. Anal., 2010, 4: 21-27.

[82] Moslehian M S, Rajić R. Generalizations of Bohr's inequality in

Hilbert C^*-modules [J]. Linear and Multilinear Algebra, 2010, 58: 323-331.

[83] Abramovich S, Barić J, Pečarić J. A new proof of an inequality of Bohr for Hilbert space operators [J]. Linear Algebra Appl., 2009, 430: 1432-1435.

[84] Saito K S, Tominaga M. A Dunkl-Williams type inequality for absolute value operators [J]. Linear Algebra Appl., 2010, 432(12): 3258-3264.

[85] Tsallis C. Possible generalization of Boltzmann-Gibbs statistics [J]. J. Stat. Phys., 1988, 52: 479-487.

[86] 赵德，何传江，陈强. 结合局部熵的各向异性扩散模型 [J]. 模式识别与人工智能, 2012, 25(4): 642-647.

[87] Kubo F, Ando T. Means of positive linear operators [J]. Math. Ann., 1980, 246: 205-224.

[88] Yanagi K, Kuriyama K, Furuichi S. Generalized Shannon inequalities based on Tsallis relative operator entropy [J]. Linear Algebra Appl., 2005, 394: 109-118.

[89] Fujii J I, Kamei E. Relative operator entropy in noncommutative information theory [J]. Math. Japon., 1989, 34: 341-348.

[90] Furuichi S, Yanagi K, Kuriyama K. A note on operator inequalities of Tsallis relative operator entropy [J]. Linear Algebra Appl., 2005, 407: 19-31.

[91] Furuta T. Furuta's inequality and its application to the relative operator entropy [J]. J. Operat. Theor., 1993, 30: 21-30.

[92] Furuta T. Invitation to Linear Operators [M]. London and New York: Taylor & Francis, 2001.

[93] Fujii J I, Kamei E. Uhlmann's interpolational method for operator means [J]. Math. Japon., 1989, 34: 541-547.

[94] Furuta T. Reverse inequalities involving two relative operator entropies and two relative entropies [J]. Linear Algebra Appl., 2005, 403: 24-30.

[95] Furuichi S, Yanagi K, Kuriyama K. Fundamental properties of Tsallis relative entropy [J]. J. Math. Phys., 2004, 45: 4868-4877.

[96] Furuichi S. Inequalities for Tsallis relative entropy and generalized

skew information [J]. Linear and Multilinear Algebra, 2011, 59: 1143-1158.

[97] Bhatia R, Kittaneh F. Notes on matrix arithmetic-geometric mean inequalities [J]. Linear Algebra Appl., 2000, 308: 203-211.

[98] Audenaert K M R. A singular value inequality for Heinz means [J]. Linear Algebra Appl., 2007, 422: 279-283.

[99] Drury S W. On a question of Bhatia and Kittaneh [J]. Linear Algebra Appl., 2012, 437: 1955-1960.

[100] Dumitru R, Levanger R, Visinescu B. On singular value inequalities for matrix means [J]. Linear Algebra Appl., 2013, 439: 2405-2410.

[101] Audeh W, Kittaneh F. Singular value inequalities for compact operators [J]. Linear Algebra Appl., 2012, 437: 2516-2522.

[102] Tao Y. More results on singular value inequalities of matrices [J]. Linear Algebra Appl., 2006, 416: 724-729.

[103] Bhatia R, Kittaneh F. The matrix arithmetic-geometric mean inequality revisited [J]. Linear Algebra Appl., 2008, 428: 2177-2191.

[104] Bhatia R, Kittaneh F. Norm inequalities for positive operators [J]. Lett. Math. Phys., 1998, 43: 225-231.

[105] Bhatia R, Kittaneh F. The singular values of $A+B$ and $A+iB$ [J]. Linear Algebra Appl., 2009, 431: 1502-1508.

[106] Kosaki H. Arithmetic-geometric mean and related inequalities for operators [J]. J. Funct. Anal., 1998, 156: 429-451.

[107] Bhatia R, Parthasarathy K R. Positive definite functions and operator inequalities [J]. Bull. London Math. Soc., 2000, 32: 214-228.

[108] Kittaneh F, Manasrah Y. Improved Young and Heinz inequalities for matrices [J]. J. Math. Anal. Appl., 2010, 361: 262-269.

[109] Kittaneh F. Norm inequalities for fractional powers of positive operators [J]. Lett. Math. Phys., 1993, 27: 279-285.

[110] Kittaneh F. On the convexity of the Heinz means [J]. Integr. Equ. Oper. Theory., 2010, 68 : 519-527.

[111] Hiai F, Kosaki H. Means for matrices and comparison of their norms [J]. Indiana Univ. Math. J., 1999, 48: 899-936.

[112] Zhan X. Matrix Inequalities [M/OL]. Lecture Notes in Mathematics, vol.1790. Berlin: Springer-Verlag, 2002.

[113] Bhatia R, Grover P. Norm inequalities related to the matrix geometric mean [J]. Linear Algebra Appl., 2012, 437: 726-733.

[114] Kaur R, Moslehian M S, Singh M, et al. Further refinements of the Heinz inequality [J]. Linear Algebra Appl., 2014, 447: 26-37.

[115] Bhatia R. Interpolating the arithmetic-geometric mean inequality and its operator version [J]. Linear Algebra Appl., 2006, 413: 355-363.

[116] Drissi D. Sharp inequalities for some operator means [J]. SIAM J. Matrix Anal. Appl., 2006, 28: 822-828.

[117] Hu X. Some inequalities for unitarily invariant norms [J]. J. Math. Inequal, 2012, 6: 615- 623.

[118] 邹黎敏. 矩阵的几个不等式[J]. 数学学报（中文版），2012, 55(4): 715-720.

[119] 詹兴致. 矩阵论[M]. 北京: 高等教育出版社, 2008.

[120] Ando T. Matrix Young inequalities [J]. Oper. Theory Adv. Appl., 1995, 75: 33-38.

[121] Hirzallah O, Kittaneh F. Matrix Young inequalities for the Hilbert-Schmidt norm [J]. Linear Algebra Appl., 2000, 308: 77-84.

[122] 匡继昌. 常用不等式（第三版）[M]. 济南：山东科学技术出版社，2004.

[123] Ando T, Zhan X Z. Norm inequalities related to operator monotone functions [J]. Math. Ann., 1999, 315: 771-780.

[124] Kittaneh F. On some operator inequalities [J]. Linear Algebra Appl., 1994, 208/209: 19-28.

[125] Kittaneh F. Norm inequalities for certain operator sums [J]. J. Funct. Anal., 1997, 103: 337-348.

[126] Horn R A, Johnson C R. Matrix analysis [M]. Cambridge: Cambridge University Press, 1985.

[127] Horn R A, Johnson C R. Topics in Matrix Analysis [M]. Cambridge: Cambridge University Press, 1991.

[128] Horn R A, Zhan X Z. Inequalities for C-S seminorms and Lieb functions [J]. Linear Algebra Appl., 1999, 291: 103-113.

[129] Hiai F. Matrix Analysis: Matrix Monotone Functions, Matrix Means, and Majorization [J]. Interdiscip. Inform. Sci., 2010, 16: 139-248.

[130] Araki H. On an inequality of Lieb and Thirring [J]. Lett. Math. Phys., 1990, 19: 167-170.

[131] Wang S, Zou L, Jiang Y. Some inequalities for unitarily invariant norms of matrices [J]. J. Inequal Appl., 2011, 2011: 10.

[132] Bhatia R, Sharma R. Some inequalities for positive linear maps [J]. Linear Algebra Appl., 2012, 436: 1562-1571.

[133] Kittaneh F, Manasrah Y. Reverse Young and Heinz inequalities for matrices [J]. Linear and Multilinear Algebra, 2011, 59: 1031-1037.

[134] Furuta T. Extensions of inequalities for unitarily invariant norms via log majorization [J]. Linear Algebra Appl., 2012, 436: 3463-3468.

[135] Bourin J C, Lee E Y, Fujii M, et al. A matrix reverse Hölder inequality [J]. Linear Algebra Appl., 2009, 431: 2154-2159.

[136] Lee E Y. A matrix reverse Cauchy-Schwarz inequality [J]. Linear Algebra Appl., 2009, 430: 805-810.

[137] Bourin J C. Matrix versions of some classical inequalities [J]. Linear Algebra Appl., 2006, 416: 890-907.

[138] Hiai F, Kosaki H. Means of Hilbert Space Operators [M/OL]. Lecture Notes in Mathematics, vol.1820. Berlin: Springer-Verlag, 2003.

[139] Hiai F, Petz D. Introduction to Matrix Analysis and Applications [M]. Berlin: Springer-Verlag, 2014.

[140] Hiai F. Concavity of certain matrix trace and norm functions [J]. Linear Algebra Appl., 2013, 439: 1568-1589.

[141] Lieb E. Convex trace functions and the Wigner-Yanase-Dyson conjecture [J]. Adv. Math., 1973, 11: 267-288.

[142] Harada T, Kosaki H. Trace Jensen inequality and related weak majorization in semi-finite von Neumann algebras [J]. J. Operat. Theor., 2010, 63: 129-150.

[143] Bourin J C, Hiai F. Norm and anti-norm inequalities for positive semi-definite matrices [J]. Internat. J. Math., 2011, 22: 1121-1138.

[144] Lin M, Zhou D. Norm inequalities for accretive-dissipative operator matrices [J]. J. Math. Anal. Appl., 2013, 407: 436-442.

[145] Lee E Y. Rotfel'd type inequalities for norms [J]. Linear Algebra Appl., 2010, 433: 580-584.

[146] Kittaneh F. Inequalities for commutators of positive operators [J]. J. Funct. Anal., 2007, 250: 132-143.

[147] Larotonda G. Norm inequalities in operator ideals [J]. J. Funct. Anal., 2008, 255:3208-3228.

[148] Aujla J S, Bourin J C. Eigenvalue inequalities for convex and log-convex functions [J]. Linear Algebra Appl., 2007, 424: 25-35.

[149] Zhan X. On some matrix inequalities [J]. Linear Algebra Appl., 2004, 376: 299-303.

[150] Kittaneh F. Commutator inequalities associated with the polar decomposition [J]. Proc. Amer. Math. Soc., 2002, 130: 1279-1283.

[151] Kittaneh F. Norm inequalities for sums of positive operators [J]. J. Operat. Theor., 2002, 48: 95-103.

[152] Kittaneh F. Norm inequalities for sums and differences of positive operators [J]. Linear Algebra Appl., 2004, 383: 85-91.

[153] Kittaneh F. Norm inequalities for sums of positive operators II [J]. Positivity, 2006, 10: 251- 260.

[154] Kittaneh F. Norm inequalities for commutators of positive operators and applications [J]. Math. Z., 2008, 258: 845-849.

[155] Hirzallah O, Kittaneh F. Non-commutative Clarkson inequalities for unitarily invariant norms [J]. Pacific J. Math., 2002, 202: 363-369.

[156] Hirzallah O, Kittaneh F. Inequalities for sums and direct sums of Hilbert space operators [J]. Linear Algebra Appl., 2007, 424: 71-82.

[157] Bhatia R, Kittaneh F. Clarkson inequalities with several operators [J]. Bull. London Math. Soc., 2004, 36: 820-832.

[158] Zhang F. Matrix Theory-Basic Results and Techniques [M]. New

York: Springer-Verlag, 2011.

[159] Bhatia R, Zhan X. Norm inequalities for operators with positive real part [J]. J. Operat. Theor., 2003, 50: 67-76.

[160] Popovici D, Sebestyén Z. Norm estimations for finite sums of positive operators [J]. J. Operat. Theor., 2006, 56: 3-15.

[161] Bhatia R, Kittaneh F. Some inequalities for norms of commutators [J]. SIAM J. Matrix Anal. Appl., 1997, 18: 258-263.

[162] Bhatia R, Kittaneh F. Norm inequalities for partitioned operators and an application [J]. Math. Ann., 1990, 287: 719-726.

[163] Furuta T. Two reverse inequalities associated with Tsallis relative operator entropy via generalized Kantorovich constant and their applications [J]. Linear Algebra Appl., 2006, 412: 526-537.

[164] Furuta T, Mićić J, Pečarić J, et al. Mond-Pečarić Method in Operator Inequalities [M]. Zagreb: Element, 2005.

[165] Fujii M, Mićić J, Pečarić J, et al. Recent Developments of Mond-Pečarić Method in Operator Inequalities [M]. Zagreb: Element, 2012.

[166] Bhatia R. Positive Definite Matrices [M]. Princeton: Princeton University Press, 2007.

[167] Bourin J C. A matrix subadditivity inequality for symmetric norms [J]. Proc. Amer. Math. Soc., 2010, 138: 495-504.

[168] Kittaneh F. Inequalities for the Schatten p-norm.III [J]. Commun. Math. Phys., 1986, 104: 307-310.

[169] 张恭庆，郭懋正. 泛函分析讲义（下册）[M]. 北京：北京大学出版社，1990.

[170] 童裕孙. 泛函分析教程[M]. 上海：复旦大学出版社，2001.

[171] Pedersen G. Some operator monotone functions [J]. Proc. Amer. Math. Soc., 1972, 36: 309-310.

[172] Kwong M. Inequalities for the powers of nonnegative Hermitian operators [J]. Proc. Amer. Math. Soc., 1975, 51: 401-406.

[173] Uchiyama M. Strong monotonicity of operator functions [J]. Integral. Equations Operator Theory, 2000, 37(1): 95-105.

[174] Moslehian M, Najafi H. An extension of the Lowner-Heinz inequality [J]. Linear Algebra Appl., 2012, 437(9): 2359-2365.

[175] Pusz W, Woronowicz S. Functional calculus for sesquilinear forms and purification map [J]. Rep. Math. Phys., 1975, 8: 159-170.

[176] Kubo F, Ando T. Means of positive linear operators [J]. Math. Ann., 1980, 246: 205-224.

[177] Kittaneh F, Manasrah Y. Improved Young and Heinz inequalities for matrices [J]. J. Math. Anal. Appl., 2010, 361(1): 262-269.

[178] Kittaneh F, Manasrah Y. Reverse Young and Heinz inequalities for matrices [J]. Linear and Multilinear Algebra, 2011, 59: 1031-1037.

[179] Furuta T, Yanagida M. Generalized means and convexity of inversion for positive operators [J]. Amer. Math. Monthly, 1998, 105: 258-259.

[180] Kittaneh F, Krnic M, Lovricevic N, et al. Improved arithmetic-geometric and Heinz means inequalities for Hilbert space operators [J]. Publ. Math. Debrecen, 2012, 80(3-4): 465-478.

[181] Krnic M, Lovricevic N, Pecaric J. Jensen's operator and applications to mean inequalities for operators in Hilbert space [J]. Bull. Malays. Math. Sci. Soc., 2012, 35(1): 1-14.

[182] Wu J, Zhao J. Operator inequalities and reverse inequalities related to the Kittaneh-Manasrah inequalities [J]. Linear and Multilinear Algebra, 2014, 62: 884-894.

[183] Kaur R, Singh M, Aujla J S, et al. A general double inequality related to operator means and positive linear maps [J]. Linear Algebra Appl., 2012, 437: 1016-1024.

[184] Bhatia R, Grover P. Norm inequalities related to the matrix geometric mean [J]. Linear Algebra Appl., 2012, 437: 726-733.

[185] Matharu J, Aujla J. Some inequalities for unitarily norms [J]. Linear Algebra Appl., 2012, 436: 1623-1631.

[186] Nakamura N. Barbour path functions and related operator means [J]. Linear Algebra appl., 2013, 439: 2434-2441.

[187] Morassaei A, Mizapour F, Moslehian M. Bellman inequality for Hilbert space operators [J]. Linear Algebra Appl., 2013, 438: 3776-3780.

[188] Lim Y, Yamazaki T. On some inequalities for the matrix power and Karcher means [J]. Linear Algebra Appl., 2013, 438: 1293-1304.

[189] Yamazaki T. An elementary proof of arithmetic-geometric mean inequality of the weighted Riemaanian mean of positive definite matrices [J]. Linear Algebra Appl., 2013, 438: 1564-1569.

[190] Palfia M. Weighted matrix means and symmetrization procedures [J]. Linear Algebra Appl., 2013, 438: 1746-1768.

[191] Fujii M, Nakamoto R, Yonezawa K. A satellite of the grand Furuta inequality and its application [J]. Linear Algebra Appl., 2013, 438: 1580-1586.

[192] Kittaneh F, Krnic M. Refined Heinz operator inequalities [J]. Linear and Multilinear Algebra, 2013, 61(8): 1148-1157.

[193] Fujii J I, Seo Y. On the Ando-Li-Mathias mean and the Karcher mean of positive definite matrices [J]. Linear and Multilinear Algebra, 2015, 63(3): 636-649.

[194] Bakherad M, Moslehian M. Reverses and variations of Heinz inequality [J]. Linear and Multilinear Algebra, 2015, 63(10): 1972-1980.

[195] Zuo H, Cheng N. Improved reverse arithmetic-geometric means inequalities for positive operators on Hilbert space [J]. Math. Inequal Appl., 2015. 18(1): 51-60.

[196] Bourin J, Hiai F, Jensen and Minkowski inequalities for operator means and anti-norms [J]. Linear Algebra Appl., 2014, 456: 22-53.

[197] Bhatia R. Matrix analysis [M]. New York: Springer, 1997.

[198] Gohberg I, Krein M. Introduction to the theory of linear non-self-adjoint operators in Hilbert space [M]. AMS: Transl. Math. Monographs, vol.18, 1969.

[199] Schatten R. Norm ideals of completely continuous operators [M]. Berlin: Springer, 1960.

[200] Simon B. Trace ideals and their applications [M]. Cambridge: Cambridge University Press, 1979.

[201] Hirzallah O, Kittaneh F. Matrix Young inequalities for the Hilbert-Schmidt norm [J]. Linear Algebra Appl., 2000, 308: 77-84.

[202] He C, Zou L. Some inequalities involving unitarily invariant norms [J]. Math. Inequal Appl., 2012, 12: 767-776.

[203] Mclntosh A. Heinz inequalities and perturbation of spectral families [M]. Macquarie Mathematical Reports. Macquarie Univ., 1979.

[204] Corach G, Porta R, Recht L. An operator inequality [J]. Linear Algebra Appl., 1990, 142: 153-158.

[205] Fujii J, Fujii M, Furuta T, et al. Norm inequalities equivalent to Heinz inequality [J]. Proc. Amer. Math. Soc., 1993, 118: 827-830.

[206] Kittaneh F. A note on the arithmetic-geometric mean inequality for matrices [J]. Linear Algebra Appl., 1992, 171: 1-8.

[207] Horn R. Norm bounds for Hadamard products and the arithmetic-geometric mean inequality for unitarily invariant norms [J]. Linear Algebra Appl., 1995, 223/224: 355-361.

[208] Mathias R. An arithmetic-geometric-harmonic mean inequality involving Hadamard products [J]. Linear Algebra Appl., 1993, 184: 71-78.

[209] Kittaneh F. On some operator inequalities [J]. Linear Algebra Appl., 1994, 208-209: 19-28.

[210] Zhan X. inequalities for unitarily invariant norms [J]. SIAM J. Matrix Anal. Appl., 1998, 20: 466-470.

[211] Conde C, Moslehian M, Seddik A. Operator inequalities related to the Corach-Porta-Recht inequality [J]. Linear Algebra Appl., 2012, 436: 3008-3017.

[212] Kaur R, Singh M. Complete interpolation of matrix versions of Heron and Heinz means [J]. Math. Inequal Appl., 2013, 16: 93-99.

[213] Fu X, He C. On some inequalities for unitarily invariant norms [J]. J. Math. Inequal, 2013, 7(4): 727-737.

[214] Zou L. Inequalities related to Heinz and Heron means [J]. J. Math. Inequal, 2013, 7(3): 389-397.

[215] Najafi H. Some results on Kwong functions and related inequalities

[J]. Linear Algebra Appl., 2013, 439: 2634-2641.

[216] Kaur R, Moslehian M, Singh M, et al. Further refinements of the Heinz inequality [J]. Linear Algebra Appl., 2014, 447: 26-37.

[217] Shao J. On Young and Heinz inequalities for τ-measurable operators [J]. J. Math. Anal. Appl., 2014, 414: 243-249.

[218] Furuta T, Mićić J, Pečarić J, et al. Mond-Pecaric method in operator inequalities [M]. Zagreb: Element, 2005.

[219] Burqan A, Khandaqji M. Reverses of Young type inequalities [J]. J. Math. Inequal, 2015, 9(1): 113-120.

[220] Bhatia R, Sharma R. Some inequalities for positive linear maps [J]. Linear Algebra Appl., 2012, 436: 1562-1571.

[221] 盛骤，谢式千，潘承毅. 概率论与数理统计[M]. 北京：高等教育出版社，2001.

[222] 茆诗松，程依明，濮晓龙. 概率论与数理统计教程（第 2 版）[M]. 北京：高等教育出版社，2011.

[223] 詹兴致. 矩阵论[M]. 北京：高等教育出版社，2008.

反侵权盗版声明

举报电话：（010）88254396；（010）88258888

传　　真：（010）88254397

E-mail：　dbqq@phei.com.cn

通信地址：北京市海淀区万寿路 173 信箱

　　　　　电子工业出版社总编办公室

邮　　编：100036